TURING
图灵教育

站在巨人的肩上
Standing on the Shoulders of Giants

不公平优势

[英]

阿什·阿里
(Ash Ali)

哈桑·库巴
(Hasan Kubba)

著

王小皓 译

如何找到
阻力最小的
成功路径

The
Unfair
Advantage

HOW YOU ALREADY
HAVE WHAT IT
TAKES TO SUCCEED

人民邮电出版社
北京

图书在版编目（CIP）数据

不公平优势：如何找到阻力最小的成功路径 ／（英）
阿什·阿里（Ash Ali），（英）哈桑·库巴
(Hasan Kubba) 著；王小皓译. -- 北京：人民邮电出
版社，2023.1
ISBN 978-7-115-60285-5

Ⅰ．①不… Ⅱ．①阿… ②哈… ③王… Ⅲ．①成功心
理－通俗读物 Ⅳ．①B848.4-49

中国版本图书馆CIP数据核字(2022)第199544号

内 容 提 要

不管是个人，还是企业，要实现目标、获得成功，往往要先构建自
己的竞争优势。有些优势是我们未曾意识到自己本就拥有的，有些优势
是我们明确知道自己尚未具备的，但是怎样的优势组合才是真正有效
的？本书提出了不公平优势的概念与由五种不公平优势构成的 MILES
框架，并结合大量案例，介绍了如何利用自己的不公平优势获得商业上
的成功，同时，作为成功的创业者，两位作者还非常贴心地提供了快速
创业入门指南。

本书适合个人贡献者和创业者阅读。

- ◆ 著　　　　[英] 阿什·阿里（Ash Ali）
　　　　　　　哈桑·库巴（Hasan Kubba）
　　译　　　　王小皓
　　责任编辑　王振杰
　　责任印制　彭志环

- ◆ 人民邮电出版社出版发行　　北京市丰台区成寿寺路 11 号
　　邮编　100164　　电子邮件　315@ptpress.com.cn
　　网址　https://www.ptpress.com.cn
　　固安县铭成印刷有限公司印刷

- ◆ 开本：880×1230　1/32
　　印张：9.75　　　　　　　　2023 年 1 月第 1 版
　　字数：200千字　　　　　　2025 年 7 月河北第 6 次印刷
　　著作权合同登记号　图字：01-2022-3091号

定价：69.80元
读者服务热线：(010)84084456-6009　印装质量热线：(010)81055316
反盗版热线：(010)81055315

版权声明

感谢我的家人，特别是一直对我充满耐心的母亲、父亲，还有我顽皮的女儿阿曼尼。感谢我的挚友们。

——阿什

感谢我的爱妻和家人，特别是我善解人意的父母。我爱你们所有人。谢谢你们。

——哈桑

作者用自己的创业经历总结了"不公平优势"模型，并以此来帮助创业者。但重点不仅于此，成长型思维与洞察力，才是这本书的关键所在。学会作者的思考维度，也许比模型本身更重要！

——唐维

嘉煦投资＆文创（集团）董事长、

中国众创空间产业联盟理事

同样一次创业、一份工作，其实都是对身边的各种要素进行配置，好的配置会事半功倍。对于如何理解和配置这些要素，两位作者给出了他们的答案。

——王晟

英诺天使基金合伙人、中关村天使投资协会副会长不公平优势的"本质"是在外境不确定性中，打造内核竞争力，建立确定性，以不变应万变，为客户创造价值。"常识"是遵循 MILES 框架、善用资本、知人知道、把握时点、育人成事、圈层加持。"关键"是成长为因，成功是果，找到自己生命的意义，定义自己的"成功"。

——朱天博

《简约商业思维》主理人、中甫投创始合伙人

在全球环境瞬息万变、数字世界深度互联、人类文明高速跃迁的当下，"成功"的范式和路径从未如此多元，万变不离其宗，谋定而后动。这本书从"不公平优势"的独特视角，揭示了成功核心竞争力养成的"道"和"术"。无论你想创造组织维度、社会维度还是人类文明维度的成功，都可以在这本书中汲取精华，早日启动奔向成功的"开挂引擎"。

——彭顺丰

大西洲科技集团董事长、全球企业社会责任基金会
2018 年度"全球社会影响力领袖奖"获得者

这本书为创业者提供了成功密码：通过发挥自身的不公平优势以取得更大的机会，从而使整个社会变得更加公平。

——余晨

易宝支付总裁、《看见未来》《元宇宙通证》作者

生活中时有不公平，但如果你停滞不前或消极躺平，那就错失了另一个宝贵资源——利用"不公平优势"重新开拓新路、发现商机。这本书的作者用实战解析了这种"逆袭"的战法，"反者道之动，弱者道之用"，这本书是最好的说明。

——李文

混序部落创始人、《混序小团队管理》作者

商业世界的残酷与有趣，不单单聚焦在结果上，更关乎过程。在这之前，最关键的莫过于对自我的认知，更深层地认知自我优势，才能更深层地洞察商业本质，继而更深层地达成商业目标。

——尹慕言

创新投资人、商业认知研究院创始院长、

全球零碳创客发起人

商业世界最关键的是需求洞察。面对同样的需求，更好地发现并利用自己不公平优势的人，才能构建更强的竞争力，进而获取更大的成功。

——柳箭

绿色创新专家、对外经济贸易大学 MBA 校外导师、

EMBA 国际联盟副秘书长

作为天使投资人，我们认为团队是创业项目成功的最关键变量。这本书根据作者自己不凡的创业经历，基于"不公平优势"的理论，讲透了如何从 0 到 1 创造一个优秀的企业，是一本让人受益匪浅的创业实践宝典。

——栗霄霄

麟玺创投合伙人、大学生创新创业专家评委

在成长的路上，我们每个人都首先是行动派，然后得到自己想要的。但是行动之前，先发现自己相对于周围人的独特优势在什么地方，并且把它发扬光大，这样我们才会有机会接近自己的梦想。这本书对于优势的维度做了非常清晰且有效的界定，能够帮助我们梳理和建构自己的个人优势。推荐阅读。

——行动派琦琦

行动派创始人

要让自己的努力得到嘉奖，前提是在一个正确的方向上努力。我接触过很多 0-1 阶段的个体创业者，他们勤勉、刻苦，但事业上所收获的成就，与努力并不成正比。在接触过程中，我发现他们的困惑集中在两个方面：无法确定自己的优势，所做的事情与别人并无二致；或是无法把自己的优势与商业和为他人创造价值相结合。

正好，这本书讲的就是优势，它还提出了"不公平优势"这个概念，要我们每个人去正视生活中的不公平，而不是去眼红别人与生俱来的资源，也不是把自己的优势泛泛归类，而是去识别自己所掌握的"不公平优势"，进而以更聪明的方式去创业。

从事商业活动，就是整合优势资源。想清楚这一点，相信你的创业路会走得更加顺畅。

——王润宇

视频号千万直播间知识主播

推荐序
新商业时代的创业成功秘诀

在新商业时代，创业者面临着前所未有的机遇和挑战。如何在激烈的竞争中脱颖而出？如何在快速变化的市场中适应和创新？如何在众多的选择中做出正确的决策？这些问题困扰着许多创业者，也困扰着我。

作为一个连续创业者、千人创业社群发起人、多家企业经营顾问，我一直在寻找能够提升创业成功率的方法和思维。当读到这本书时，我眼前一亮。两位作者提供了一个非常实用的框架，帮助创业者找到并发挥自己的不公平优势。这是一条阻力最小的成功路径。

什么是不公平优势

什么是不公平优势？简单地说，不公平优势就是你拥有而别人没有或难以复制的资源、能力、知识、经验、关系等，它们能够让你在某个领域或市场中具有显著的竞争优势。比如马云的口才和领导力、乔布斯的设计感和品味、马化腾的技术和用户洞察力、马斯克的智商和物理学思维，等等。那么有效不公平优势主要有哪些呢？两位作者提出了简单而有效的 MILES 框架，我在此基础上对它进行了完善，在 M 里加了 Mindset（思维方式），在 S 里加了 Stories（故事）。

Money & Mindset：金钱与对金钱的认知，指你拥有或能够获取到的金钱资源，包括现金、投资、赞助等。比金钱本身更重要的是对金钱的认知。你永远无法赚到你的认知以外的财富。认知是因，财富是果。

Intelligence & Insight：智力和洞察力，指你拥有或能够获取到的知识、技能、专业及直觉等。

Location & Luck：位置和运气，指你所处或能够进入的地域、市场、行业等，还包括出生地、出身、人群、政策环境等，无论是运气还是主动为之。

Education & Expertise：教育和专长，指你接受过或能够接受到的正式或非正式的教育，包括学历、专业、证书、特殊专长及职业经历等。

Status & Stories：地位和故事，指你拥有或能够建立起来的社会关系、信誉、影响力等，包括知名度、影响力、人脉等。每个人生而独特，总有某些特别的故事发生在你身上，从不同的视角看待，它们都有可能成为你的不公平优势来源。即便是苦难，也可能孕育辉煌。

MILES 框架

MILES 框架可以帮助我们系统地审视自己所拥有或缺乏的资源，并根据自己所要进入或已经进入的市场环境进行分析和调整。值得注意的是，MILES 框架中的每个要素都是中性的，拥有金钱与否，在不同的市场环境中可能都有机会成为不公平优势。没有资金，我们就不得不利用创新。关键在于我们如何利用自己的优势，弥补自己的劣势，创造出独特的价值。

三大思维工具

除了 MILES 框架，这本书还提供了三个重要的思维工具，让我们能够更好地发挥和持续优化不公平优势。

现实 – 成长型思维：这是一种能够让我们持续学习、改进、创新的思维方式，它让我们相信自己可以通过付出努力来提高能力和水平，而不是被固定在某个标签或框架里。

创始人 – 产品 – 市场契合模型：这是一种能够让我们找到最佳产品和市场组合的模型。它让我们明白创始人、产品和市场之间需要有一个动态的匹配过程，而不是一成不变或孤立存在的。

薄层式增长：这是一种能够让我们快速验证和迭代想法和假设的方法。它让我们用最少的资源和时间将效果和反馈最大化，而不是盲目投入或拖延行动。

这三个思维工具都与 MILES 框架相辅相成。只有具备了现实 – 成长型思维，我们才能够发现并培养自己潜在或隐藏的不公平优势；只有运用了创始人 – 产品 – 市场契合模型，我们才能够找到最适合自己不公平优势发挥作用的领域或方向；只有采取了薄层式增长的方法，我们才能够快速检验和优化自己的不公平优势，使之更加强大和持久。

"彩蛋"来了

在某种意义上，我认为这本书相当于打造个人 IP 的第一本书。在这个信息爆炸、注意力稀缺、信任危机的时代，个人 IP 是一种有力且珍贵的资产，它可以让你在海量信息和众多竞争对手中脱颖而出，赢得客户、合作伙伴、投资者等各方面的信任和影响力，从而为你带来更多的机会和价值。然而，许多教我们如何打造个人 IP 的书或培训班，可能第一步就让我们去找对标、模仿对标，却忽略了那些成功者拥有和我们截然不同的不公平优势。因此，我相信每个创业者都应该基于自己的不公平优势来打造自己的个人 IP，并且像经营一个百年品牌一样来运营和维护自己的个人 IP。

为什么说你已经具备了成功所需要的条件

最后，借用这本书英文版的副书名作为本文寄语："为什么说你已经具备了成功所需要的条件？"如果你想成为成功的创业者，如果你想找到并发挥自己的独特价值，如果你想建立并保持自己的竞争优势，请一定阅读这本书。它会给你带来全新的视角和启发，让你在新商业时代更加从容和自信。请相信我，这本书会改变你对创业和问题解决的认知和方法。现在，拿起这本书，开始寻找并发挥你的不公平优势吧！

林恒毅

连续创业者、多家企业经营顾问、共创物联网科技创始人

林恒毅同学会®千人创业社群发起人

目 录

第一部分　理解

如果你已经努力良久，渴望获得成功，但是目前仍旧没有实现目标，那么你可能并没有充分利用自己的不公平优势。如果你决定孤注一掷，投身创业浪潮，那么找到和利用好自己的不公平优势可以大幅度增加成功的机会。

第二部分 评估

我们认识很多成功人士，特别是创业者，并对他们进行了广泛的研究与深入的观察，确定了五类不公平优势。这五类不公平优势构成了 MILES 框架。它们是金钱、智力和洞察力、位置和运气、教育和专长、地位。

第三部分 快速创业入门指南

当你确认自己具备某些不公平优势并且以此为基础展开行动的时候，你的创业公司会顺势破土而出；你的计划会直击客户的痛点，因为你能够很快得到做出调整所需的反馈；你的创业公司将如同旋转的车轮一般获得它所需的增长力。平凡的生活会因此而不同。

引 言

"创业公司如何才能取得成功？"

作为 Just Eat[1] 的首任营销总监、高级管理团队的第三号雇员，我[2] 总是被问到上面这个问题。2014 年，我们的在线订餐创业公司首次公开募股，市值达到惊人的 15 亿英镑[3]。此后，人们总是会问：

"阿什，自公司创立伊始你便参与其中。你们有什么秘诀呢？"

我开动脑筋，从不同角度思考了这个问题，试图给出精准的答案……我们的成功是因为某个

1　欧洲主要外卖点餐平台，2001 年在丹麦成立，2006 年落户英国。——译者注

2　这里的"我"是指本书作者之一阿什·阿里。——编者注

3　约合人民币 121.5 亿元。——编者注

奇思妙想，还是因为技术创新？或者拥有"增长黑客"？建立了合适的团队？抓到了正确的时机？又或者仅仅是因为我们夜以继日的努力工作与辛勤付出？在近十年来英国科技创业公司首次公开募股的总额方面，我们名列前茅，原因何在？

有人吹捧我们是属于伦敦的传奇成功故事（公司最早是在丹麦创立的），这让我们得到了许多关注。然而，每每解释我们成功的原因时，我都会感到仿佛缺少了一块关键的拼图……我却百思不得其解。

随后我离开了 Just Eat，又创立了几家其他公司，其间我开始在脑海中酝酿创业成功理论的雏形：首先完全依靠我自己的力量（没有任何外部资金或者投资）创立了名为 Fare Exchange 的创业公司（一个出租车租车平台），随后我又大胆尝试在海外创业，创立了 Washplus，它是迪拜第一款自助洗衣手机应用。

创立 Fare Exchange 之后，我们开发了智能软件和数字营销系统，接受出租车预订，然后由当地出租车公司提供服务。那是在 2010 年，优步（Uber）几年之后才进入当地市场。我们的发展速度惊人，短短 3 年时间，预订业务的收入就从 0 增长到 2500 万英镑，而我们仅有 5 名全职员工。我的下一个创业公司 Washplus 也是迪拜增长速度最快的洗衣和干洗创业公司。

有人称我为"增长黑客"，即善于让创业公司快速发展的人。同时，我利用创业赚来的辛苦钱，特别是 Just Eat 首次公开募股中得到的大量资金，成了一名天使（个人）投资者和顾问，拿自己的钱去冒险，投资创业公司并给予指导。

最近，我创办了关注社会影响力的成人教育创业公司 Uhubs，提倡创业公司的目的不仅仅是盈利，而是既要关注盈利又要产生积极的社会影响。在 Uhubs，我们帮助学员提升技能，让他们以简单且可负担的方式直接向专家学习。

因为不停创业的缘故，我的工作地点遍布全球，从欧洲到美洲，从中东到东南亚。我一直在思考创业成功的根本秘诀。我注意到世界各地的创始人和投资者都会遇到同样的困难或者向我提出同样的问题。我遇到的所有创业者工作都非常努力，但是有些创业公司获得了成功，而另外一些却遭遇失败。

“能力为上”纯属谎言

如果说我在创业之路上学到了什么，那就是媒体对创业成功的叙述可能会对大家产生极大的误导。无论你身处何处，都会被无穷无尽的创业神话、商界英雄崇拜、公关案例以及围绕成功创业者的炒作“狂轰滥炸”，媒体盛赞这些成功的创业者努力工作、能力突出，是“美国梦”所产生力量的真实写照。（没错，即便在英国和世界上的其他大部分地区，情况亦是如此。）

在硅谷和创业圈，每家公司都喜欢把自己描述为积极进取、尊重能力的公司——那些有才华且足够勤奋的人必然会获得重用，付出的所有血汗和泪水都会收获回报。

"能力为上"的意思是，那些"配得上"自己工作的人是能够完成自己工作的人。换句话说，那些"配得上"财富的人是那些发了财的人。

这种想法的底层逻辑是，只要奋发向上，我们都可以像那些了不起的亿万富翁创业者一样，只要早上 4 点起床，努力工作就能成功。我们在纸质媒体上、新闻片段中经常看到他们的个人建议和成功诀窍，我们阅读的相关书籍告诉我们，只需足够自律、足够勤奋、足够勇敢、足够坚毅，我们每个人都可以像他们一样。

胡说八道。

现在，英国社会的不平等情况史无前例地突出。作为已经取得成功的个人或者说属于大众眼中坐拥财富、享有社会地位的人，我希望帮助大家破除这种错误的集体认知，即我们的社会是一个纯粹以能力为上的社会。

经历了 20 年的创业生涯，对于哪些创业公司会成功，哪些会失败，我逐渐有了独到的见解。我也准备好了回答那个问题：创业公司如何才能取得成功？

在本书中，哈桑和我想将成功的要素抽丝剥茧般展现在你的面前。这种方式能够开阔眼界，而且极其坦诚，甚至令某些人难以接受，但是终究会为你赋能。

没错，社会在尊重能力、更加公平这两方面，已经突飞猛进，这值得称赞。我在英国伯明翰最贫困的地区长大，父母都是移民。

我很庆幸自己并非生活在中世纪，那时人们要么是家财万贯的领主，要么是穷困潦倒的佃农，非此即彼。

然而，我在创业领域的经验告诉我，在尊重能力和社会公平方面，我们仍有很长的路要走。现实的情况是，在这两方面仍存在不可计数的问题和障碍，不公平的竞争环境依旧屡见不鲜。

作为体验过生活和商业百态的"知情人士"——从一贫如洗到所谓"特权阶层"，从雇员到企业家，从创业公司的创始人到天使投资人，从学徒到导师——我比以往任何时候都更加相信这样一个事实：仅靠严格自律、信念坚定和努力工作并不能帮助我们走向成功。

本书的另外一位作者哈桑和我每天都会见到这样的人——工作勤奋努力、无比专注、充满热情的创业公司创始人来到我们位于伦敦市中心的办公室，向我们推介自己的企业。很遗憾，我们差不多会对所有人说不，然后为他们指引新的方向。

为什么？这通常是因为他们并不明白一个简单的事实。这个事实与我们今天看到的几乎所有书名或文章标题相悖：

工作勤奋和创业成功之间并不是简单的因果关系。成功属于那些发掘并利用自己不公平优势的人。

我们所说的"不公平优势"并不是指不道德的或者非法的优势（尽管我们确信确实存在诸多这样的优势）。不公平优势是指你在竞争中所具备的优势，而且你的不公平优势是独一无二的。不公平优势不仅是一个独特的卖点，它是你在竞争中能够压倒对手的根本优势，有时它并不是你"获得"或者努力得来的。

我们来举个与体育有关的简单例子。在篮球运动中，身材高大就是一个简单而显著的不公平优势。不管一个身材矮小的篮球运动员如何努力，他成为职业球员的机会与身材高大的球员相比总是较小。当然，这并不意味着矮小的篮球运动员就无法成为职业球员；我们的意思是可能性会大大降低，这与他们是否努力无关。

创业并不是进行体育运动，但是类似的准则同样适用：如果你受过良好的教育，经济条件更好，更加聪明，你就更可能在竞争中胜出。但是，幸运的是，决定胜负的并非只有前述条件，不公平优势以各种各样的方式存在于所有人的生活中。

我们与许多人谈过我们的看法，包括企业创始人、早期员工、风险资本家以及天使投资人。几乎所有人赞成以这种激进而全新的方式去解释创业公司的成功。

本书的独特之处在于，我们关注的焦点并非商业中的构想、产品或者其他内容。我们关注的是你，企业创始人，企业背后的创业者（无论你是已经启动了自己的创业项目还是仍在考虑）。可能你并非要创业，而是计划如何管理某个项目，但是我们的观点普遍适用。这是因为，无论是创办公司还是管理项目，"你"都是一切的出发点。处于早期阶段的创业公司没有什么可展示的内容，恰恰是创始人或者联合创始人为它的成功打下基础。

商场上，奇思妙想固然重要，我们会探讨这一方面，但是"你"更重要。艾琳·伯比奇（Eileen Burbidge）是帕西翁资本（Passion

Capital）的创始合伙人和投资人，也是一位颇具影响力的风险投资人。她认为：

> 企业找到我们寻求投资的时候，如果是第一次会面，那么我们会通过人来判断企业。理想情况下，我们要评估企业团队、企业技术以及企业发展的各种动能。但由于我们投资的时间太早，几乎没有企业可以完备地展示这三个要素。通常情况下，我们唯一要衡量的是团队——创始人。

同样，这也是我们在投资一家公司之前所看重的，也是任何称职的投资人应该看重的内容。

以获取增长力为目标

我们之所以提到投资人和风险资本家，并不是因为每个创业者都应该从他们那里筹集资金。实际情况并非如此：一些企业在没有投资者的情况下，依旧可以自力更生，以最少的资源创立公司并保持精简高效（保持低成本和低管理费用）。但是在创业伊始，是否需要筹集资金取决于你的不公平优势。从这个角度讲，融资是一种展示不公平优势的有效方式。你的不公平优势（或者说卖点）在你开设银行对公账户之前就已经存在。如果企业没有艾琳·伯比奇所说的"动能",几乎不可能筹集到资金。动能意味着让越来越多的人购买或使用你的产品。这也被称为"增长力",即你的创业公司已经走上正轨,取得进展,而不是像汽车陷在皑皑白雪中,车轮飞速旋转,车辆却原地不动。

无论你是否打算为自己的创业公司争取投资,你都需要解决一个主要问题:在创业之初如何获得难以捉摸的增长力?毕竟大多数创业公司的失败并不是因为开发不出产品,而是因为无法获得足够的客户或者用户。

我经常受邀解析创业公司和帮助它们成长。我总是喜欢以这张幻灯片开头:

> 大部分创业公司以失败收场并非因为它们开发不出产品,而是因为它们无法获得增长力。

为了让创业公司获得动能、增长并最终取得成功,你本人需要有强大的不公平优势作为基础。通过了解、巩固和利用自己的不公平优势,你可以萌生绝妙的商业想法,找到适合的联合创始人,并为企业建立强而有力的基础。

白手起家创建自己的企业并将其发展壮大,这是难度极大的工作。但是,如果能够辨别自己的不公平优势并且具备正确的思维模式,那么你成功的概率会大大增加。

关于本书

我和哈桑首次登台与大家探讨"不公平优势"这一概念的时候，引起的共鸣令我们始料未及。每次演讲结束时，都有很多与会者排队要求我们帮助他们找到他们的不公平优势，包括公司创始人、准备创业的人以及投资人（投资人希望我们帮助他们找到具有不公平优势的创业公司，以便他们能够投资于这些企业）。

这就是我们写作本书的初衷。

有次我去伦敦参加一个商务晚宴。在宴会上，我认识了哈桑。他是一位精明而谦逊的年轻创业者，他创立的精品在线营销公司为自己带来了不菲的收入（而且大多是被动收入）。我从小就对创业情有独钟，而哈桑的创业旅程则始于参加一个在线课程。他解释了他是如何为了自由和独立而开始创业的，当我开始谈论我正在开发的不公平优势理论时，他非常迅速地理解了我的想法。我们成了好友，很快他就开始作为我的投资伙伴与我一起工作。许多创业者试图获得我们的投资，所以我们一起听过数百个创业公司的融资演讲。我们一起慢慢积累的见解和看法逐渐形成了我们的投资理论，我们两人也着手创立了一家科技创业公司。随后，我们一起工作，继续发展"不公平优势"这个概念，最终写出本书。

我们为数百名处于创业初期的创始人提供建议、指导和咨询服务。我们每个人都在伦敦顶级大学的 TEDx 演讲中介绍了不公平优势模型，哈桑还被派往迪拜，在一个有数百家创业公司参加的大型国际创业峰会上担任演讲人和导师。有很多企业希望通过应用精益创业和不公平优势的方法来保持其主导地位、推出新产品或进入新市场，我们与他们进行了深入交流。

现在，我们想与你分享我们的知识。我们想帮助你找到自己的不公平优势，以便在创业过程中取得成功，无论你已经创立了自己的创业公司还是正在谋划之中。如果你在计划启动某个项目或者开启某项事业，那么本书的理念也能助你一臂之力。

读完本书后，你会有以下收获。

1. 深刻理解什么是个人和创业公司的不公平优势。

2. 了解如何找到并利用自己的不公平优势来获得商业上的成功。

3. 快速创业入门指南——让你在创业这段疯狂的旅程中打下坚实的基础。

在商业世界中，成功的机会非常渺茫。创业公司失败的概率很大，有时甚至大到令人惊愕。你肯定不希望自己成为那 90% 的失败者之一。

精心创造成功的条件

本书可以作为路线图，帮助你提高成功的概率——成功地启动创业公司，筹集资金，获得增长力。当然，如果你的目标是出售企业，赚取丰厚的利润，本书也有涉及。哈桑和我都希望当初在自己创业旅程的开端能够邂逅这样一本好书。

无论你面临怎样的挑战，本书都会是你的得力助手，可以帮助你找到合适的联合创始人，得到第一个客户，在让你的创业公司起步的同时兼顾一份全职工作，成功融资，开发最小可行性产品（minimum viable product，MVP——我们会在第三部分进行解释），获得用户，拓展销售规模，提升营销水平，实现黑客式增长，产生足够的现金来延长你的"生命周期"（runway time），维持创业公司运转，应对竞争对手，吸引导师和顾问，等等。

我们二人非常幸运，能够创业成功，本书也是我们对于如何取得这种成功给出的正式答案。我们笃信本书能够彻底改变你的人生，让你能够以一种全新的视角审视商业世界和其中的成功案例。虽然这种视角略显激进，坦诚得几近残酷，却依旧能够鼓舞你坚定前行。

如果你正在考虑开启自己的创业之旅，本书就是你的不二之选。我们可以与"准创业者"产生强烈的共鸣，感受到你所渴望的自由，以及阻碍你前进的恐惧。

如果你已经在经营自己的创业公司，但是创业初期的很多挑战令你难以招架，那么本书也非常适合你。

本书是你迈向创业快车道的第一步。从"理解"部分（第一部分）获得的信息以及在"评估"部分（第二部分）学到的实操步骤和 MILES 框架，能够让你以全新的视角看待成功，看待你自己和所处环境所具备的优势与劣势。

认清自己的优势，可以帮助你建立自信，然后继续阅读本书的第三部分——快速创业入门指南。有了本书中的知识，你势必可以在创业圈如鱼得水、美梦成真。

让我们开始吧！

阿什·阿里（Ash Ali）

哈桑·库巴（Hasan Kubba）

英国伦敦

第一部分

理解

如果你已经努力良久，渴望获得成功，但是目前仍旧没有实现目标，那么你可能并没有充分利用自己的不公平优势。如果你决定孤注一掷，投身创业浪潮，那么找到和利用好自己的不公平优势可以大幅度增加成功的机会。

第 1 章　生活是不公平的

　　"我是一个受过教育的年轻白人男性……我真的非常非常幸运，然而生活是不公平的。"

　　说这句话的人是亿万富翁、照片分享应用 Snapchat 的联合创始人埃文·斯皮格尔（Evan Spiegel）。在对创业公司成功案例的研究中，我们发现他的故事特别值得关注。在《福布斯》杂志早前的排名中，斯皮格尔是世界上"最年轻的白手起家亿万富翁"，当然随后这一头衔归属于凯莉·詹娜（Kylie Jenner），后面我们会谈到她。斯皮格尔出生于 1990 年，年仅 24 岁就坐拥 10 亿美元的财富。

　　"我真的非常非常幸运，然而生活是不公平的。"

　　埃文的这句话令我们印象深刻。难道他在暗示自己的成功只是因为好运而已？在创业成功之前，他的生活已经非常优渥，他非常清楚这一点。为了说明他创业前有多"幸运"，让我们深入地了解一下他的背景。

埃文·斯皮格尔在美国洛杉矶长大，父母的财富总和已达数百万美元，拥有不可计数的豪车，出入奢华的乡村俱乐部，在世界各地的四季度假村（Four Seasons resort）享受豪华假期。

孩童时代，他在洛杉矶的一所价格昂贵的私立学校上学。这所学校恰巧也是 Tinder[1] 联合创始人肖恩·拉德（Sean Rad）以及包括凯特·赫德森（Kate Hudson）、杰克·布莱克（Jack Black）和格威妮丝·帕尔特罗（Gwyneth Paltrow）在内的一众好莱坞明星的母校。据报道，他的父母还为他和他的姐妹找了顶尖私人教师，每小时费用高达 250 美元。

埃文的父母都是颇具影响力的律师。他的父亲参与了许多知名度极高的案件，比如英国石油公司在墨西哥湾的漏油事故，以及遭到广泛抨击的演员查利·希恩（Charlie Sheen）向华纳兄弟娱乐公司（Warner Brothers）索赔 1 亿美元的诉讼。他的母亲则头戴哈佛大学法学院最年轻女性毕业生的桂冠。

他的父亲作为斯坦福大学的校友及捐赠人，拥有强大的人脉和影响力。埃文完成高中学业之后，这样的条件当然不会"妨碍"他在激烈的竞争中进入这所位于硅谷的名校。埃文的家庭关系还让他结识了叱咤风云的风险资本家彼得·温德尔（Peter Wendell）。彼得被《福布斯》杂志评选为美国 100 位顶级风险投资人之一，他投资

1　手机交友软件，类似于陌陌。——译者注

的对象包括数百家成功的创业公司和许多上市企业。

显然这个人脉还算"不错"。

通过温德尔，埃文还认识了谷歌前首席执行官埃里克·施密特（Eric Schmidt）、YouTube 联合创始人查德·赫尔利（Chad Hurley）和金融软件巨头财捷集团（Intuit）的创始人斯科特·库克（Scott Cook）等行业大佬。

埃里克·施密特后来这样评价埃文："埃文待人彬彬有礼，他说这得益于他的母亲。埃文还说他经常无意中听到父亲打电话探讨有关案子的事情。耳濡目染之下，他在非常年轻的时候就对商业和组织有了自己的看法。"

斯科特·库克决定指导埃文，在他初涉科技创业领域时，将自己的商业智慧传授给他。后来，库克把钱投在了他的徒弟身上，参与了 Snapchat 的第一轮融资。

虽然埃文年纪轻轻便开始创业，但是在 Snapchat 开始成长之时，他已经汲取了别人在超过一个世纪的时间里沉淀下来的智慧和商业教训。当很多 20 多岁的人在大型会议上面对有钱有势的投资人倍感紧张的时候，同龄的埃文·斯皮格尔已经可以从容地面对风投公司。有个众人皆知的故事。一家风险投资公司的负责人不愿意调整自己的标准投资协议条款，埃文直视对方双眼，目光甚至令对方不敢与他对视，并表示："如果你想按照标准投资协议条款来办，那就去找那些'标准'但平庸的公司吧。"那家风险投资公司后来在 2013 年参与了 Snapchat 的第三轮融资。

　　谈到不公平优势，这就是一个绝佳案例。这些因素一个接一个地叠加在一起，最终有力地促成了埃文和 Snapchat 的成功，并使他成为《福布斯》杂志排行榜上"最年轻的白手起家亿万富翁"。埃文与财富、影响力和权力的联系对其成功有着直接影响。他之所以能在如此年轻的时候就攀上事业高峰，是因为在很大程度上，他人已经给他铺平了道路。说实话，他并非一步步拾级而上，简直是乘火箭直达。

　　这并不是说我们把 Snapchat 的成功全部归功于埃文优越的成长环境。我们丝毫没有这个意思。很多家境富庶的孩子一生都毫无成就。其实埃文的故事与所有成功故事一样，是诸多因素共同作用的结果。举例来说，埃文聪慧过人，Snapchat 的业务核心是极具洞察力的——人们希望用"自毁"的照片进行交流，即收到的照片会在几秒之后消失。这是成熟的社交媒体巨头脸书、Twitter 和 Instagram 都没有想到的点子。埃文不仅有机会获得所需的资金、人脉和导师，他还出色地创造了符合时代需求的产品。他在正确的地方、正确的时间，产生了正确的点子。他、他的联合创始人和他的员工不仅工作非常努力，而且聪慧过人，最终获得了成功。

　　埃文令人耳目一新的地方是什么？他直截了当地承认，他在这一路上享受了许多休闲时光。与科技界时常抛出的"倾尽全力""开夜车"和"玩命工作"等成功秘诀相反，埃文表示：

"成功的秘诀并非玩命工作，而是玩转制度。"

"玩转制度"确实有一层不太道德的含义，比如"钻制度的空子"，甚至"欺骗制度"，但这些绝非我们的意思。我们的意思是，仅靠玩命工作并不够，我们需要以更聪明的方式工作，才能获得成功。

简而言之，这就是本书的全部内容：如何以更聪明的方式工作，以及如何让制度为己所用。最关键的一点是，你不必像埃文·斯皮格尔那样在成长过程中享有各种"特权"，也能做到这一点。

事实是，正如埃文所承认的那样，世界是不公平的。某些人的境遇更能凸显这种不公平性。埃文从小就很有钱，他接受了精英教育，有非常成功的父母和广阔的人脉资源。但如果你在成长过程中不具备这些优势，是否意味着以你的条件注定会成为失败者呢？

可能有时候这就是你的切身感受。

经常会有人告诉你，面对不太理想的情况，唯一的答案就是努力工作。如果努力工作毫无效果，那么你需要更努力地工作。但是有的时候，你已经全力以赴，却仍被告知需要更加努力。你肯定会情绪低落，如果生活又遭遇其他的困难或者障碍，情况更是雪上加霜。

然而，无论是在互联网的每个角落，还是在每家书店的励志书专区和商业书专区，你总会被反复告知："努力工作才会与众不同。""勤奋的人才能成功。""只有像渴望呼吸那样渴望成功，你才能梦想成真。"

整个创业界的发展似乎始终围绕着"崇拜勤奋工作"。毕竟，多少商界成功学大师和励志演讲者异口同声，努力大概是通往成功的唯一途径。除此以外，他们可能会告诉你，你距离成为百万富翁还差学习他们廉价低劣的"五步"成功课程。购买课程、书籍或者视频之后，你能获得什么呢？答案是，一些早已过时的方法、老生常谈的建议，以及各种鼓动你努力工作的"动机"。

请不要误解我们……显然，努力工作甚至做出牺牲是成功的因素之一。牺牲是成功的必要条件，因为我们确实必须为今后的成功放弃一些眼前的快乐。这是必然的。然而，如果把竞争失利的原因单纯地归结为别人比你更努力，那么这种结论过于武断。

将成功和努力工作之间简单地画上等号不仅具有误导性，而且在我们不知道应该在哪一方面发力时，会令我们倍感困惑。切记埃文·斯皮格尔说过的："成功的秘诀并非玩命工作，而是玩转制度。"只知道努力工作，却缺少聪明的方法，到头来只是徒劳。举例来说，你工作非常勤奋，努力设计、制造产品，但是这件产品无人需要。虽然你花费了大量时间，付出了汗水与泪水，但最终还是一无所获。

"我曾经目睹许多努力工作的创业者遭遇失败。我得出的结论是，虽然努力工作从不为错，但努力工作绝不是伟大发明诞生过程中或者成功道路上的关键所在。"

——卡泰丽娜·费克（Caterina Fake）

风险资本家、Flickr 联合创始人

风险资本家卡泰丽娜·费克也有多次成功的创业经历，她对于创业应该有着深刻见地。Flickr 是全球最受欢迎的照片分享网站之一，也是社交网络的早期先锋，雅虎很快以 2000 万美元的价格收购了这家创业公司。上面这段引语来自她为"商业内幕"（Business Insider）网站撰写的题为"Working Hard is Overrated"（我们高估了辛勤工作的价值）的文章。她此后又创立、发展并且出售了另外一家创业公司。据报道，对于这次收购，eBay 出价高达 8000 万美元。

正如卡泰丽娜所言，如此强调辛勤工作是成功唯一的关键之处，实际上忽略了商业成功中所有的细微差别，以一刀切式的解决方案简单地解释成功。

以埃文·斯皮格尔为例，我们还需要考虑他出生的社会阶层，他所接受的世界一流的私立教育，他所处的成长环境给予他的自信，他从卓有成就的父母身上习得的社交风度，在父亲牵线搭桥下获得的关系，以及一路走来他"恰巧"遇到的亿万富翁创业导师。我们甚至还没有提到遗传因素对智力、创造力、问题解决能力和人际交往能力的未知影响，埃文可能从取得非凡成就的父母那里继承了这些能力。此外，好运气在他的成功中扮演了什么角色？是否有理由认为他在成功的路上确实得到了幸运女神的一丝眷顾？这些都对埃文的成功（或者说令人惊叹的成功）起到了作用。

哎呀！这些话真是我们说的吗？我们怎么敢在商业书中将遗传因素、运气还有父母的馈赠用一段话和盘托出？！

我们说过，这不是你所读过的典型商业类励志书。

埃文·斯皮格尔绝不是唯一注意到单靠行动无法成功的人。

天使投资人、领英联合创始人、PayPal 早期高管、亿万富翁里德·霍夫曼（Reid Hoffman）在做客盖伊·拉兹（Guy Raz）的美国国家公共广播电台播客节目"How I Built This"（我是如何创业的）时，被问到了下面的问题："努力工作和聪明智慧在你的成功因素中占到多大比重？运气和既有权势又占到多大比重？"

没有一丝犹豫，他回答道：

"答案显而易见，两方面都占了很大的比重。"

"两方面都占了很大的比重。"霍夫曼是当今的数字世界中最富有、最成功的人之一，他给出了这样的答案。似乎越是成功的人，越是愿意承认他们的成功并非仅仅是努力工作的结果，其他因素也起到了作用。

本书并不是要感慨像埃文·斯皮格尔那样生长在有权有势的家庭中有多么美妙，而是要告诉你不公平优势其实有许多种形式。为了阐明观点，我们会举几个身边的例子。我们一起来看一看两位改变了自己生活的创业者。

他们就是我们。

第 2 章 我们的创业之旅

阿什：我的故事

我的父母曾问我："阿什，为什么大家都往东走，你却非要往西走？"可能这就是我吧。

我并非为了叛逆而叛逆，也不是刻意地与众不同。我只是经常质疑别人的行事方法罢了。这曾经令我可怜的父母恼火不已。我十来岁的时候，他们常常告诫我在探亲访友时一定要闭紧嘴巴，因为我对任何事情都会提出质疑，最终总是会引发毫无意义的争执。

也许这就是为什么我最终取得的成绩远高于成长过程中我所认识的所有人。

我在英国伯明翰市出生和长大，父母都是巴基斯坦移民。我成长的街区非常贫穷、犯罪猖獗。对于"犯罪猖獗"，我绝对没有夸大其词，帮派分子、毒品贩子、杀人犯时常在我家附近出没。我仍然记得警察用警戒带封锁了半条街，因为就在我家街对面的房子里发生了枪杀案。

我与埃文·斯皮格尔的成长环境显然有着天壤之别。他家附近价值百万的豪宅鳞次栉比，而我小时候能在家附近看到的唯一"财富"大概就是全新的宝马汽车了，不过驾驶者不是律师或医生，而是暴徒、恶棍或者可疑人物。直至今天，情况依旧没有改善，我还能看到各种新闻报道称我父母居住的地区发生了谋杀案和盗窃案。

我就读的是市里的公立小学，学校条件简陋。我的家人虽然心地善良、充满爱心，但是想必大家也猜得到，他们的生活并不宽裕，也没有太多致富机会。我还算幸运，后来升入文法学校[1]，接触到了中产阶级，从而对他们的生活有了些许了解。学校里的很多小事让我印象深刻，比如在我的同学们讨论集体滑雪旅行的时候，因为父母负担不起这样的活动，我只能默不作声，那时内心的感受令我记忆犹新。

总体来说，伯明翰是一个工业城市。父亲在当地的钢铁厂做一些简单的活计，收入微薄。母亲为了养活我和兄弟姐妹忙得团团转。和所有其他移民来到英国的父母一样，她相信好的教育会为孩子们铺平通往美好生活的道路。因此，她非常关注我们的学习，敦促我们努力。父母努力工作甚至牺牲一切，就是为了孩子们能有更加美好的未来。

1　英国近现代主要中等教育机构。——译者注

　　我是如何报答他们的呢？我从大学辍学，一共两次，而且还不是马克·扎克伯格（Mark Zuckerberg）那种潇洒的辍学。我是从第六学级学院[1]辍学的，那时只有 17 岁。既缺乏社会关系，也没有明确的人生规划，我很快陷入困境。我的兄弟姐妹在学校表现优异，获得的证书数不胜数，家中唯一没上大学的不肖子孙便是我了。

　　我没有耐心再去上学。尽管家中没有诞生过创业者，没有什么榜样供我学习，也没有导师给我指点迷津，但是我依旧在思考如何通过创业赚些小钱。

　　13 岁的时候，我就开始了自己的第一份工作——送报纸。很快我就发现每天早上仅凭自己送报纸花费的时间太长了，所以我决定把一半的送货工作分包给我的一个朋友。两人合作可以覆盖更大的区域，所以完成同样的工作花费的时间更少。

　　几年后，我意识到向邻居和朋友出售百科全书光盘可以赚取丰厚的利润。那时还没有维基百科，我对自己的小生意很是满意，客户也非常高兴。后来我才意识到，这些光盘是盗版的，销售它们是非法行为。我喜欢赚钱，因为对我来说，拿在手里的现金代表自由和未来的种种可能。对于挣来的钱，我分文不动，我特别享受拥有它的感觉。有了这笔钱，我知道自己能买得起想买的东西，我就是喜欢这种感觉。

　　又过了几年，我身边的朋友都去读大学了。他们终于可以离开

1　类似于国内的高考冲刺班。——译者注

父母单独居住，在校学习，参加各种聚会，享受成为大人的快乐。而我还住在父母的房子里，卧室依旧是童年那一间。史泰博公司（Staples）是一家销售办公用品和计算机的大型仓储商店，我在这家公司找了一份销售工作，因为我很擅长这个行当。

这段时间，我和一个老同学开始开展我们自己的小项目，一个改变了我人生轨迹的项目。

我同学的父母经营着一家仓储式鞋店，他知道我总是在想方设法地赚钱，所以让我帮他出出点子。我们琢磨了一个当时看来特别疯狂的想法：建一个网站，在网上销售鞋子。那是 1998 年，几乎没人涉足电子商务——甚至像亚马逊这样的电商巨头也才刚刚登陆英国，而且以销售图书为主。虽然那时所有人都说没人会在网上购物，但是我们当时非常年轻，而且互联网令我们异常兴奋，所以根本没有听从大家的劝告。谢天谢地，我们按照自己的想法去做了。

网上卖鞋的过程并非一帆风顺。那个时候，建网站非常烦琐，也没有便捷的在线支付手段。每一行代码都要由我编写，我待在父母家的阁楼里，花钱从公司低价买了一台展示用的计算机样机，逐行编写代码，从无到有建设网站。

我逐渐迷上了这项工作。在史泰博工作的时候，我发现公司里有关于计算机和互联网的书籍，所以下班后我就坐在过道上阅读相关书籍，学习建设网站。虽然我在学校里学习时如坐针毡，但是面对这些书，我摇身一变成了模范学生，如饥似渴地吸收着知识。

我在阁楼上度过了漫长的日日夜夜，启动了在线销售并且维持其运行。那是拨号上网的年代，所以我连接到互联网时，父母的电话处于占线状态，失去了通信功能。我母亲的朋友只能登门拜访，因为他们没法打通电话。我拒绝参加所有社交活动，也没空跟朋友相处，全力解决生意中接踵而至的问题。对我来说，当务之急是不断改进售鞋网站。因为我从不外出，所以家人说我仿佛一个隐士，后来我甚至辞去了在史泰博的工作。

随着时间的推移，我们的网店开始有了访客。这让我喜出望外。陌生人发现了我们的网站，在网上给我们付钱。然后，我们寄出他们选购的鞋子。那时完成这个流程真的是一件了不起的事情。

与此同时，互联网热潮也快要达到顶峰。各种媒体的头条报道充斥着互联网创业的成功故事。事实证明，世界各地的其他企业都在学习我无意之间发现的互联网用途——可以通过互联网销售商品。那时的互联网正在经历它的第一个全盛时期。19 岁生日那天，我收到了兄弟姐妹的贺卡，上面写着：

"未来的互联网百万富翁生日快乐！"

看我打开贺卡，他们笑得特别开心，我知道他们是在取笑我。毕竟，我们整个家族没人相信我可以依靠互联网体面谋生，更别说成为百万富翁了。我看起来肯定非常疯狂——把分机插到电话插座上，然后端着它从楼梯跑上 9 米多高的阁楼。没人能够从我的这种痴迷中望见未来。家人都希望有一天我能幡然醒悟，明白我的梦想并不现实。他们希望有一天我能去做"正确的事情"，有一天我能找份传统意义上的工作，走上传统的职业道路。

我并没有如家人所愿，相反，我把写有"互联网百万富翁"的卡片贴在了阁楼的窗户上，继续埋头工作。每次坐下来做网站，我都会看到那张卡片。虽然家人并不知道，但是他们为我的工作提供了源源不断的动力。那时我特别喜欢看励志书，相信努力工作就能带给我自己想要的成功。

随后不久，我发现我们在一个与互联网相关的奖项中获得了提名。这简直令人难以置信！他们是怎么发现我们的？突然间，因为获得了这个提名，多家公司争相邀请我到伦敦为他们工作。他们希望我能够利用"互联网"这个东西来实现业务转型，因为我是极少数在这个新兴领域具备专业知识的人员。

因此，我往背包里塞了些随身物品就匆匆踏上了开往伦敦的火车。来到伦敦的我可谓人生地不熟，连住所都没有，甚至不知道怎么乘坐地铁出行。

四家公司为我安排了招聘面试，但是在第一场面试中，公司当场录用了我，工资是 3 万英镑。对于当时的我来说，这是远超我想象的巨款。

那时的我还是一个稚气未脱、滴酒不沾，且操着浓重伯明翰口音的亚裔青年。我来到全新的环境，公司位于英国最富裕的地区，办公环境豪华，而且人才济济，满屋坐着的都是高学历、高资质的成年人。更糟糕的是，我那时太年轻了，而且面相更显稚嫩。我看起来大概只有 15 岁，所以经常被误认为是来公司实习的在校学生，但是实际上我的手下都是二十几岁和三十几岁的人。

公司的大部分人非常友善，但是也有人因为我后来居上而愤愤不平——一个没有上过大学的孩子居然做了他们的顶头上司。我一夜之间遇到了两个新问题，即办公室政治和冒充者综合征（imposter syndrome）[1]。

办公室里的一些人会对我说一两句风凉话，我也会无意中听到他们对我的讽刺挖苦。不过，并非所有人都热衷于办公室政治这种无聊游戏，特别是雇用我的老板，他帮助我在公司里树立了信心。

如果说现实世界中的诋毁者已经令我有些难以招架，那么我脑海中的诋毁者更难以应付。每天，我都需要直面自己脑中的各种质疑。

"我怎么会在这里？"

"我不属于这里。"

"我为什么不待在伯明翰？"

"我的亲朋好友在做什么？"

"我错过了大学生活的所有乐趣。"

我感觉自己就像离开水的鱼。现在我知道冒充者综合征其实非常普遍，但是我当时对这种心理问题并不了解。我只是个十来岁的孩子，生活在车水马龙的繁华都市，不知道未来会如何，也没有任

1　冒充者综合征是一种自我能力否定倾向。作者在此意指一开始连自己也不太相信自己取得的成就。——编者注

何社会关系，在工作中还要告诉别人该如何行事。我甚至不知道怎么洗衣服或者做简单的饭菜。在此之前，都是我母亲帮我料理这些。

然而，尽管初到伦敦有种种担忧与不适，但我开始习惯并享受这座城市的生活。在公司里，我是人们口中的"神奇小子"，我对自己的业务了如指掌。没错，也许我感到有些许不适应，特别是下班后大家一起去酒吧喝酒，而我只能喝加了青柠檬片的可乐。但是，我有了数额不菲的可支配收入，这令我非常开心。我在金丝雀码头高价租下一间装修精致的转角公寓，这里是伦敦重要的金融区。我可以从房间俯瞰码头的风景，上班也很方便。

我所有的努力似乎都得到了丰厚的回报。我接触过行业里的每位大佬，沉醉于"少年互联网营销奇才"的名号。我感觉世界尽在掌控之中，享受着消费自己赚来的每一分钱的快感。当时，我坚信我所有的成功都归功于自己不懈努力的工作态度。我表现出色，帮助公司里的人了解了互联网、搜索引擎优化、数字化营销和那个时期很少有人知道的其他互联网知识。

人生中，第一次有人理解我，第一次身边不再充斥着质疑之声，第一次能真切地感到我是成功者。我觉得自己不可阻挡，正在互联网的新技术浪潮中劈波斩浪。

可惜，我错了。

2000 年 3 月 10 日，互联网泡沫破灭。以科技股为主的纳斯达克指数在到达顶峰之后断崖式下跌。据《洛杉矶时报》报道，科技公司的市值蒸发了 5 万亿美元。那些质疑互联网、对其发展嗤之以鼻的批评者欢欣鼓舞。美国的互联网地震很快就越过大西洋波及英国。

我被裁员了。曾经以为自己已经"美梦成真"的幻想连带着我仅有的一点积蓄转瞬间烟消云散。经历了现实毒打的我一头雾水，只能搬回父母的房子。"神奇小子"不得不回到他的爸妈身边。我似乎在一夜之间一败涂地——虽然这次失败与我毫无关系。为什么会发生这种情况？怎么会发生这种事情？

我觉得自己失败得非常彻底。

我研究了一下哪些人遭遇了裁员、哪些人没有。对于部分人来说，裁员与否似乎与他们工作表现的好坏无关。决定性因素是他们与高级主管的关系，当然还有其他一些办公室政治因素。

我意识到，某些优势在裁员决策过程中发挥了作用，超越了员工工作的努力程度或者工作能力。

然后，我恍然大悟。我告诉自己：

实际上，我之所以能够获得这份工作，不仅是因为我在这方面能力出众，更是因为我得到了互联网奖项提名并被相关媒体报道。如果不是这些公司主动联系我，我甚至都不会想到要去伦敦寻觅工作。我之所以能得到这份工作，部分原因是纯粹的运气。

我继续思考，发现其实还有更深层次的原因。我非常幸运，恰在互联网腾飞之时偶然拥有了企业急需的技能。如果我像我的一些朋友一样在服装店找份工作而不是在史泰博工作，就不会通过那份工作了解所有计算机和互联网的知识。

如果没有那位父母经营鞋店的同学，我也不会开始我们的电子商务事业。如果没有机会接触到关于计算机和互联网的书，我就不会掌握网站制作和互联网营销的知识。我只是在正确的时间学会了所有这些知识。

如果我当时遵循父母的意愿去上大学，可能就不会偶然遇到这样的机会。另外，如果父母不允许我待在家里，不让我因为上网占用他们的电话线路，那么同样，我也无法取得现在的成就。

除了自己的勤奋和优点，我需要感激的人和事还有很多。

我首次意识到，自己积累的诸多技能（或者说我的专长）是我自己强大的不公平优势。借此，在一段时间内，我作为自由职业者，为英国各地的各家公司提供咨询服务。很快，我的生活就超过了此前在伦敦的水准。我也迅速在伦敦收获了一份优于此前岗位的工作，我已经愈发喜欢这座城市了。后来，我遇到了一生挚爱，我们坠入爱河，结婚生子。

我有了稳定的工作、舒适的生活、丰厚的薪水。然而，我感到作为雇员，我似乎已经触及天花板，因为那时我的职级已经很高。我还记得总经理告诉我，公司已经没法给我加薪了，因为我的收入已经冠绝整个部门。此外，更重要的是，我已经开始感到厌烦。

与此同时，我继续利用业余时间创业，开展各种小"副业"（全职工作的同时在业余时间经营的小买卖）。创立基于 Web 技术的小企业，然后售出获得可观的利润，这非常有趣。有时这种副业能为我带来丰厚的回报，有时则会遭遇失败，但无论如何，我有自己的构想和点子，然后下些功夫，尝试将其实现，推进其发展。这非常有趣。然而，我追寻的事业不只如此。

女儿出生后不久，我长久以来的渴望终于有了答案。耶斯佩尔·布赫（Jesper Buch）是一家小型丹麦创业公司的主要联合创始人，该公司在丹麦不大的国内市场上已经掀起了波澜。当时，耶斯佩尔想以伦敦为基地进行国际扩张。他找到我说："我需要一个营销总监，我认为你很厉害。"他听说我很擅长跳出固有思维模式思考，找到切实可行的答案，所以主动跟我联系。

对于这家公司的前途，我并不确定。在线订购外卖？我只是Just Eat 落户英国后的第三位高级职员，工资不高，但公司提供了创业公司的一块蛋糕（股份）。我很清楚，只有在创业公司成功的情况下，这样一块蛋糕才有价值。我知道，雄心勃勃的大型创业公司鲜有成功的案例。

在这个阶段，每个人都有自己的保留意见，包括我的妻子。

虽然以现在的角度回看那时，我的选择非常正确，但是在那时看来，选择离开舒适的工作，去创业公司冒险则略显愚蠢。我仍然记得公司的管理层宣布我要离开公司去创立"在线外卖网站"时，很多同事脸上流露出的表情。他们的眼神表达了各种情绪：有疑惑，有怜悯，但是没有嫉妒，因为大多数人觉得这绝非明智之举。

请记住那是 2007 年。第一部 iPhone 将在这一年问世。几乎没有人会使用手机上龟速般的移动互联网，没有人能够想象离开互联网就寸步难行的世界。那时候还没有现今大家习以为常的应用商店和移动应用，评论家和消费者还在争论智能手机能否在市场上立足。因此，我们只能依靠家里的台式计算机和笔记本计算机订餐——远远没有今天可以随时随地使用智能手机订餐这么方便。

那个时候，我们创业成功的胜算并不大。大家普遍是通过电话订餐的形式订购外卖，这是一种习以为常的做法。但是我此前的工作仿佛镀金的牢笼。我被禁锢了太长时间，是时候重返创业圈了。

是时候大胆一搏了。

画面切换到我们的创业公司在埃奇韦尔[1]的新办公室，我和首席执行官戴维·布特雷斯（David Buttress）及首席运营官鲁内·里索姆（Rune Risom）正在自己动手组装家具。全公司那时只有我们 3 人，耶斯佩尔往返奔波于丹麦和伦敦之间，后来又加上荷兰。

那时我们长时间在公司工作，非常辛苦。

我事必躬亲，无论是现场销售、客户支持，还是思考不同的营销策略都亲力亲为。

终于，在 2009 年，我们从风险投资公司 Index Ventures 筹集了 1050 万英镑的 A 轮融资资金。我负责拍摄了公司的第一支电视广告，广告在《X 音素》（The X Factor）节目中插播，该广告甚至还获得了相关的奖项，那真是激动人心的时刻。

1　伦敦地名。——译者注

在 Just Eat 工作了 3 年之后，我便离开了。就在那之后的几年，我们进行了首次公开募股，流通股在伦敦证券交易所上市。我仍然记得，最初我们希望募集 3 亿英镑，随后提升到 6 亿英镑。而在公开市场上，我们的估值达到了 15 亿英镑，真的太疯狂了！那一刻真是太美妙了，我在一夜之间实现了财务自由。回想起那张 19 岁生日贺卡还有上面"互联网百万富翁"的称呼，我忍不住笑了。我给我妹妹打电话，我们两人笑得非常开心。

从离开 Just Eat 到公司上市前的这段时间，我创立了 Fare Exchange。有了金钱这项不公平优势之后，我自己也可以成为天使投资人。对于创业的方方面面，我已经了如指掌。此后，我在海外创立并出售了一家创业公司（迪拜的 Washplus），最近又创办了关注社会影响力的教育科技创业公司 Uhubs。

回顾过去，对于自己身上明显的优势与劣势，我都心存感激。我非常幸运，感谢一路上我的所有经历，感谢一路上帮助过我的人。过往的一切让我成为今天的自己。

哈桑：我的故事

众所周知，有些人"自然而然"会成为或者"与生俱来"就是创业者，比如本书的另一位作者阿什。

我不属于这一类型。我认为自己并不是天生的创业者。我必须学着开发自己的本能，才能学会在没有强加的外部约束、没有来自老板压力的情况下工作。作为一个内向的人，我必须逼迫自己，才能学会销售。我必须学会逼迫自己才能迈出那一步，我必须学会忍受创业所带来的不确定性。

我并非天生的创业者。从思维模式来讲，我不是那种一直在创业、从小就思考如何赚钱的人。举例来说，社交媒体名人、范纳媒体（VaynerMedia）创始人加里·范纳查克（Gary Vaynerchuk）喜欢谈论他孩童时期如何通过卖棒球球星卡赚取数千美元的故事。我在孩童或者青少年时期从未有过赚钱的想法或者冲动（而且，即便是有这种想法，估计我也是卖口袋妖怪宝可梦的卡片，而不是棒球球星卡）。

我的创业旅程不是自年轻时代就有明确的愿景并朝着既定方向前进，我是在选择职业道路的时候逐渐走上了这条道路。和我接触过的许多人一样，我觉得高中和大学的就业指导部门对学生就业毫无帮助。如果你天资不错，学习成绩出众，又对科学感兴趣，那么人们自然而然地期望你会找一份受人尊敬、社会声望高、专业性强的工作。我的父母是移民，这种情况更为突出。对于来自伊拉克的家庭来说，高层次的职业就是：医生或者工程师。

我出生在巴格达，父母给我过一岁生日的时候准备了一个印有"医生"字样的蛋糕。他们似乎笃定，自己的孩子长大之后会学医。

我三岁时，全家搬到了英国。我在伦敦长大，在当地的公立学校读书，学校的学生成绩很差。因为家境并不富裕，所以我可以在学校免费吃饭，还有资格拿到就学补助。

那时家里生活清贫，特别是刚到伦敦的时候，但是对于我来说，这种生活非常稳定，充满了爱。我在学校表现优异——父母鼓励我好好学习，我小时候他们经常带我去图书馆（我喜欢阅读）。幸运的是，随着我的岁数增长，家庭的经济状况也有所好转。这让我能够进入一所收费不高的私立学校学习。

那时的我正走在实现父母梦想（成为一名医生）的道路上。然而，这个宁静的泡沫终在某天破灭了。刚上大学一年级不到六个月，我便突然退学。理由很简单，我下定决心不做医生了。

人生戏剧性的一幕突然到来，我的父母为之愕然。我怎么会突然之间确定医生不是一份适合我的职业？最大的问题是，那时我只是不想做医生，但是也不知道我到底想从事何种职业。我只知道我想去了解世界，而不是过上只有护士、病人和医院的生活。

当时的我压根儿就没有"创业"这个概念。如果你问我想不想创业，我会觉得你疯了。去创业？我吗？

和阿什一样，在成长过程中，我的家庭中没有诞生过任何创业者。我认识的人中甚至没人提到创业这种职业选择。

最终，我还是从一所不错的学校毕业，获得了经济学学位，但是依旧困在原地。对于经济学专业的毕业生来说，如果志在赚取不菲的收入，那么典型的职业路径是成为银行家。但是我的兴趣并不在此。

踏出校门的那一刻，我自然而然需要面对就业压力。完成大学学业之后，找份工作是理所当然的事情，这就是社会对我们的教育。但是我对未来没有任何规划，因为我依旧不知道自己想走上哪条职业道路。

大学期间，我小心翼翼地使用学生生活费贷款，尽量节俭，而且选择住在家里，所以并没有太大的经济压力。但是，我感受到了社会压力和来自父母的压力。有天我在网上看到一则广告，内容是学习如何开始自己的互联网生意。这则广告非常特别，它并没有将电子商务作为一种迅速致富的手段来推销，而是认为它创新地使用新技术可以节省更多的时间，通过创造真正的价值来赚取丰厚利润，可以让我们逃离在公司中工作的折磨。

叮咚！这听起来就是我一直在寻找的事业。

对于一个刚刚毕业且没有工作的学生来说，几千美元的课程费用相当昂贵。但是这是一项投资，我此前曾见过这个课程，但是一直不敢参与，害怕是个骗局或者并不适合自己。再次看到时，我下定决心参加学习，希望不用付出太多努力，就能依靠互联网创业公司赚到生活费用。我希望自己能有被动收入。我终于有了目标，并且知道自己想做什么了。

我咬了咬牙，报了名。这笔投资的风险很大。然而幸运的是，这个在线课程的质量很高，教授的内容颇具意义。谢天谢地这不是什么骗局。

在学习过程中，老师鼓励我们设定目标，每天为了创立自己的公司而努力。

我迫不及待地想尝试一下，一心想将自己的梦想变为现实。但是一段时间之后，我的劲头没那么足了。那是听课几个月后，尽管我在设计自己的第一个网站和营销创业公司方面取得了一定的进展，但是内心的恐惧让我止步不前、不敢启动项目。万一我的计划不好怎么办？潜在的客户会有怎样的想法？内心的恐惧和对完美的追求影响了创业的进程，不过我自己不愿承认这一点。

因此，我找了一份工作，但是我并没有放弃创业的希望。我只是认为一份销售工作能够让我学到生意起步阶段所需的技能——只有得到第一个客户，生意才能被称为生意。

我在一家小型投资经纪公司工作。这家公司与众不同，不像英国人熟知的投资公司那样汇聚着来自伦敦金融城的上流社会精英，公司里都是来自伦敦东区和南区工人阶级的孩子，没有上过大学，但是他们具备成为投资经纪人的口才。这就是他们的不公平优势。

每天，我都能亲眼目睹他们给投资者打一个又一个电话。这场商业游戏的名字叫"说服"，大部分接到电话的投资者甚至不认识他们。在短短几分钟内，他们要抓住投资者的注意力，建立良好的关系，然后尝试说服他们把自己辛苦赚来的钱投给自己。

最疯狂的是，投资者经常选择相信他们。这太难以置信了！要取得这样的成果，经纪人必须具备超乎常人的人际沟通能力和情商。一位顶级经纪人尤其出类拔萃，他善于察言观色，理解对方话语的深层次含义，知道谈话中最佳的进退时机，能够敏锐地嗅到成交的最佳机会。

虽然我只在这家公司工作了几个月，但是很快学到了很多知识和技能。

随后我又找了另外一份工作，还是在伦敦金融城做销售，但是这份工作与第一份工作在诸多方面截然相反。公司的规模很大，声誉良好，只雇用具备本科以上学历的应聘者。我在这里更多地学到了如何进行咨询式销售。

如果你想开创自己的事业，那么学习销售非常必要，因为这方面的技能，特别是培养出对拒绝和"不"的适应力，是创业过程中不可或缺的。

经历了这些重要的学习过程之后，我辞去了全职工作，胸中再次燃起创业的烈火。这两段工作经历中，我之所以能努力工作，完全是因为老板的监督。因为此前创业（即便算不上真正创业，至少也是处于准备期）的时候我不必向任何人报告，不必对任何人负责，所以没法复制为人工作时的专注与投入，这令我非常沮丧。但是这次，我重新出发。

我用一个月的时间找到了第一个客户并收获了第一笔销售款。

这次的创业经历与之前不同，不仅因为我学会了新的技能，而且我给自己找到了一位"责任合伙人"。所谓"责任合伙人"，是指与你一样准备创业的人，你们相互支持，一起商讨问题，督促对方走出舒适区，努力创立各自的企业。我的责任合伙人那时正在筹建视频营销公司，这家公司现在已经大获成功。

因为有他人约束，自己也有了新的决心，所以我在创业的第一个月月底迎来了第一个客户。虽然成交额只有 600 英镑，但是看到那笔钱存入自己的银行账户，我感觉异常美妙。

在此之前，我也有过几次被拒绝的经历，其中一个人在几个月后给我回了信。他是我亲戚的朋友介绍给我的客户，后来成为我最大的客户之一，也成了我的导师。他是一位成功的创业者，从事传统行业，资产高达数百万英镑。我从他身上学到了很多。争取他成为客户并不容易，但是我坚持不懈，展现个人魅力，热忱地表示希望能够为他创造价值，并且证明了我具备这样的能力。最终，我赢得了他的青睐。

我的责任合伙人也开张了，我们两人同步向前。那是一段神奇的时光，我们两人虽然内心感到害怕，但是依旧互相督促，向着成功努力，在俯瞰温布利球场的一家星巴克咖啡厅里发奋工作。

然而，我很早就意识到，为客户制作网站的收入与我每月希望得到的被动收入之间存在巨大的差距。因此，我开始研究一种能够带来持续性收入的产品：搜索引擎优化，通俗地讲就是让企业在谷歌搜索的结果中排名靠前。这其实非常困难。在这个不规范的市场中，我见识了太多的尔虞我诈。许多所谓搜索引擎优化专家承诺良多，最终却无一兑现。在这个领域，想要成功必须直面压力，证明自己的能力。万幸的是，在即将失去一个大客户的时候，我成功了。我学会了在单枪匹马的情况下如何创业，这次我依旧选择参加在线课程，不断学习。不仅如此，我还逐渐具备了发现和雇用优秀人才的能力。

我花费了整整两年时间，通过"薄层式增长"逐渐建立起合格的创业公司。公司的利润真实而可观（关于"薄层式增长"，请参考本书第三部分）。

创业拯救了我的人生。我再也不会从事一份我厌恶的工作，再也不会在老板手下打工，再也不会每天在苦苦煎熬中等待午饭时间的到来。

我知道自己已经走上了人生巅峰。每天清晨醒来，我的待办清单上只有一件事情需要做：

把发票寄给客户。

我的客户非常开心，因为他们得到了自己想要的结果，而我也很高兴，因为我知道我建立的系统运转良好，团队遍布世界各地。大家非常高效地完成工作，取得了优异的成绩。

我的梦想成真了。我能够自在地旅行，尽情地探索世界，结识志同道合的朋友。我们拥有自己的创业公司，在旅行时公司依旧在为我们创收。

我终于开启了依靠被动收入生活的模式。连续几周的旅行中，我完全不用工作。两年来的血汗和泪水得到了回报。

躺在印度尼西亚的海滩上，我告诉自己："这一切都是我应得的。"此刻的我志得意满。曾经有那么多人告诉我，我所追寻的事业可能就是一个骗局，我会在线上课程上白白浪费金钱。有那么多人告诉我，被动收入简直就是白日做梦。我向他们证明了他们错了，靠被动收入生活的感觉太美妙了。

然而，后来的一件小事让我不再自我陶醉。

那是 2015 年的一天，我来到菲律宾首都马尼拉，准备去见另外一位"数字游民"。他是一个 19 岁的德国孩子，从事互联网营销，月收入超过五位数。逃离了伦敦阴沉的天气，享受着菲律宾人民的热情好客，沉浸在当地的欢快氛围之中，这种感觉真是好极了。

我走出自己的爱彼迎（Airbnb）民宿时，看到一些孩子站在街边，衣衫褴褛，甚至赤着脚，这些孩子充其量不过 9 岁、10 岁的样子。

从他们身旁走过时，我发现他们在乞讨。这种事情并不常见。并非是马尼拉没有穷孩子，而是这种情况发生在我眼前，发生在马尼拉最繁华的商业区中心。我在这里住了好几天，从未见过有人在这个区域行乞。

我在伦敦这个国际大都市长大，对于生活在特大型城市已经习以为常。伦敦市里确实也零星有些乞丐，我知道英国有福利系统、食物银行和社会保障体系确保乞丐不会饿死。然而，在菲律宾，那群孩子中的一个小女孩指着我手中几乎喝完的矿泉水瓶。她口干舌燥，想喝点水。

这一幕真的令我心碎。

我把瓶子递了过去，并立即掏出口袋里的所有现金。孩子们脸上洋溢着真挚的快乐。看着他们的笑脸，想着他们的悲惨境遇，我的内心被深深触动。看到可怜的小女孩竟需要为一口水而乞讨令人顿感悲伤。

至此我才意识到我有多么幸运。我理解了我所拥有的不公平优势。我的成功并不是因为我努力工作，而在很大程度上是因为我具备了很多先决条件。

我的父母在 1991 年从巴格达搬到了伦敦。在那之后，伊拉克遭遇经济制裁，每况愈下，民众普遍营养不良，恶性通货膨胀肆虐。我本来也可能沿街乞讨。如果我的父母当时没有选择离开，谁也不知道我的生活会怎样。

我有机会接受教育，母语是英语，享受着英国社会的安全与稳定。我也有足够的钱投资自身教育，学习在线课程，在努力让自己的创业公司起步的一年里依旧可以住在位于繁华都市的家中。亲朋好友的社会关系让我有机会接触到自己的首批客户。通过学习与实践，我提升了情商，变得擅长沟通，掌握了说服他人的技巧。这些都促使客户选择我创立的新公司。

作为英国人，我拿着本国护照便可环游世界，也拥有成为"数字游民"的自由。

同年晚些时候，在伦敦的一个商务晚宴上，我恰巧坐在阿什旁边。我们成了好友。从他口中，我了解了超高速增长型科技创业公司，还有硅谷风险投资、天使投资和增长黑客的奇妙世界。那时阿什已经实现了 Just Eat 的首次公开募股，想利用自己的收益开展投资。于是，我就顺理成章地成了阿什的投资伙伴，开始选择创业公司进行投资。

我们一起筛选创业公司的融资演讲，讨论是什么让一些公司从其他公司中脱颖而出。我们形成了自己的观点，并逐渐完善。基于"不公平优势"这一理念，我们创立了精品创业培训和咨询公司。我们都意识到生活给予了我们优待，所以我们才能成功地建立创业公司。此后，我们受邀在世界各地演讲。起初，我对公开演讲和培训他人倍感紧张，但是听众给予的好评如潮，来自各方的邀请也越来越多。

在英国和其他国家的诸多活动上，我留下了发言的身影。我会介绍自己在公司战略、数字营销、资金募集等方面的知识与专长。我的成功并非因为天赋异禀或者基础雄厚，我有过糟糕的开始，曾经历过失败，也会为了提升自律能力而痛苦挣扎。但是我会用犀利敏锐的目光观察他人，利用一切机会自学、观察和分析创业公司的整体形势，向每一位与我擦肩而过的人学习。这就是我拥有的**不公平优势**。

第3章 成功既需要努力，也需要运气

"一定要玩命工作。"

——埃隆·马斯克（Elon Musk）

"运气青睐每个人。"

——沃伦·巴菲特（Warren Buffett）

谈到经济上的成功还有财富的时候，主要有两种说法或者说思维模式来解释其原因。

一种思维模式是，富人通过努力工作致富。富人配得上他们的财富。他们在经济上的成功是拼搏而来的（唯能力论）。

另一种思维模式是，致富是随机事件。对于这些随机事件，富人无法控制，纯粹是依靠运气、时机、天赋和命运。他们在经济上的成功并非通过努力得来（唯宿命论）。

我们可以把这两种思维模式视为两个极端。实际上，现实的情况处于二者的中间位置。然而，考虑这两种极端情况有助于理解我们对于经济成功所持的基本看法和认识。

到目前为止，我们已经讨论了第一种说法，即唯能力论——仅凭勤奋工作和能力出众就能获得成功——存在的问题。但是，正如我们从埃文·斯皮格尔的故事中所知，即便是在分析自己成功的原因时，他也表示运气发挥了巨大作用。

我们应该再花些时间分析一下另外一种说法，即唯宿命论或者运气因素。如果我们没有真正理解运气在成功中扮演的角色，便可能禁不住心怀不满、牢骚满腹，埋怨自己没有某些不公平优势或者好奇为什么某些人被赐予了如此多的不公平优势。我们可能会两手一摊，然后说道：如果人生最终就像抓阄抽签，不如顺其自然。

你已经了解到在我们两个人的创业历程中，努力和运气都发挥了重要作用。我们两人工作非常勤奋，但我们也非常幸运。我们成长的家庭稳定且充满关爱，所处的国度是富裕的发达国家。英国拥有出色的教育系统、免费的国民医疗服务体系，还有完善的社会保障体系作为我们冒险创业的后盾，我们不必担心露宿街头、受冻挨饿。

我们非常幸运，在创立自己的第一家公司的时候，能够不花租金住在家里。我们非常幸运，我们的家人没有身患重病，那样的话我们不得不放弃创业照顾家人。我们非常幸运，自己的身体非常健康，可以尽情在商场拼搏。阿什很幸运，他出生在英国。哈桑很幸运，他在伦敦长大，而不是在他的出生地——饱受战争蹂躏的伊拉克。

生活赐予我们这些成功基础，我们已然感激不尽。除此之外，一路之上还有很多机缘巧合和好运帮助我们到达了成功彼岸。阿什非常幸运，正值互联网兴起之时，他在办公用品商店工作，销售计算机及其相关图书。哈桑也很幸运，他选择的在线商业课程效果良好，在伦敦的亲朋好友为他提供了人脉资源，他从中获得了第一批客户。

因此，幸运不一定是埃文·斯皮格尔拥有的那种"特权"，也可能是开始的时候看似机会渺茫，但是最后仍旧获得了成功。说到红运当头，我们就不得不提奥普拉·温弗瑞（Oprah Winfrey），虽然她的故事乍看之下跟运气毫不相关。

运气和天赋

奥普拉·温弗瑞从家境贫寒走到生活富足，她的故事是多少人耳熟能详的励志传奇。20 世纪 50 年代，她在美国密西西比州的农村由祖母抚养长大。这个非洲裔女孩在儿童时期遭受过不幸，但是依旧坚强成长，成为北美第一位身价数十亿的非洲裔亿万富翁。人们提到全球最具影响力的女性时，她总会位列其中。

幼年时期，奥普拉的家庭一贫如洗，她甚至穿不起裙子，而只能披着装土豆的麻袋蔽体。她还讲述过因为没有洗衣机，祖母只能在大锅沸水里清洁衣物。奥普拉经历了动荡不安的童年，她的监护人如走马灯般更换，成长环境中唯一不变的是她要随着监护人的更换而更换居住的地方。她的监护人从祖母换到母亲，然后是父亲，随后她又回到祖母身边。奥普拉拥有一个糟糕透顶的童年。

除了生活颠沛流离，奥普拉还必须克服诸多情感问题。她的妹妹因为皮肤不像奥普拉那么黑，所以是母亲最为喜爱的孩子。她的母亲是有钱白人家的女佣，常让奥普拉睡在门廊里，而她和奥普拉的妹妹则睡在屋里。更可怕的是，奥普拉年仅9岁就遭受非人对待。自那之后，她开启了一种混乱的生活模式，一直持续到她十几岁的时候。

你可能对她悲惨的童年有所耳闻。除非与世隔绝，否则你也一定听说过她颇具传奇色彩的成功经历。

那么问题来了：面对如此明显的劣势，奥普拉是如何实现翻盘、功成名就的呢？

究竟是什么让一个早年生活如此悲惨的年轻非洲裔美国女孩跻身地球上最有影响力名人的行列？据称她在2008年的美国总统大选中仅凭一己之力就为奥巴马争取到将近一百万张选票。

在分析某人的成功时，我们绝不会只找到一个因素。然而，在奥普拉的案例中，最为突出的是她与生俱来的一种天赋。从某种角度来讲，她是天才儿童。

在奥普拉3岁的时候，祖母就开始教她阅读《圣经》并且定期带她去教堂。在教堂，人们称她"传教士"，因为她有一种不可思议的能力，能够一字不差地给教堂的会众背诵《圣经》。

不经意间，奥普拉逐渐学会了那些让她能够抓住观众注意力的技能。她的祖母和父亲会开车带她到周边的每间教堂为大家演讲。会众争先恐后地听这个说起话来仿佛领袖一般的神奇孩子演讲。

奥普拉说："我 8 岁就成了出色的演讲者。当地每次妇女团体的聚会、宴会、教会活动，我几乎都会上台发言。"

因为令人惊叹的阅读能力，学校允许她跳级。父亲定期带她去图书馆，她乐此不疲，在图书的海洋中可以避开生活的严酷与创伤。

奥普拉在图书馆里度过了漫长的时光。她撰写读书报告，前往教堂布道，面对成百上千人发表演讲。这些经历磨炼了她的公开演讲才能，这是大多数孩子从未有过的经历。即便有这样的经历，他们也没有足够的天赋和意愿去充分利用。

奥普拉不满 10 岁就已经在坚持阅读和演讲。她迅速积累了 1 万小时的练习时长，而且她通向星辰大海的征途依旧在继续。她在一次公开演讲比赛中获胜，赢得了田纳西州立大学的全额奖学金。她17 岁参与广播节目，不是实习，而是享受全额工资。最终，她成为全国性电视节目的联合主持人。

奥普拉为何能够成功？没错，努力工作和投入大量时间进行练习。但是，她的成功中依旧存在运气成分。她拥有出众的天赋，并且后天愿意继续拓展提升，监护人和老师给予的鼓励也促使她的天赋得以绽放。因为没有得到母亲的关注，她转而在教堂、广播节目以及随后的电视节目中寻求公众的认可和关注。

不是每个人都能像奥普拉一样，天生就拥有非凡魅力和沟通技巧。不是每个人的祖母都会从孩提时代就孜孜不倦地教孙子孙女读书。不是每个人的父亲都会定期带孩子去图书馆或者愿意开车带孩子去给他人演讲，从而培养孩子这方面的才能。而且，不是每个人都像奥普拉一样拥有符合自己兴趣的各种机会。

除了出众的读写能力和演讲技巧，奥普拉的日间电视节目大获成功的秘诀也包括她善于共情，富有怜悯心，为节目注入丰富的情感，这是她在伤痕累累的童年培养出的能力。奥普拉动荡不安的童年让她能够将自己的亲身经历转化为发自心底的共情，她还锻炼出了超高的情商。奥普拉的例子证明了一个重要的理念，这个理念也是本书的核心：每一种劣势都有与之对应的优势，反之亦然。你所处的环境和所具有的不公平优势，无论乍看之下是积极的还是消极的，都是一把双刃剑。

奥普拉的生活有着完整的记录，我们可以轻易看出她的生活经历与成功之间的联系：如果没有与生俱来的天赋，她便不会有今天的成就。能否获得这种天赋以及父母是否进一步培养我们的天赋，是我们无法控制的，因此这属于生活中的随机事件，纯粹依靠运气。

举奥普拉的例子，是为了澄清我们所说的运气的含义——并非总是指正向的"幸运"。奥普拉经历过艰难困苦，那段生活与她后来的幸福生活密不可分，两者的结合让她有了今天的成就。这就是运气。同样，仅有运气是不够的——关键是她对待这种"运气"的方式，她选择利用生活中的偶然因素，锻造她的雄心壮志，促使她大胆追梦。

说到天赋方面的运气，另外一个显著的例子就是泰格·伍兹

（Tiger Woods）。伍兹的高尔夫天赋很早就被其父亲发现，因为伍兹在还不会走路的时候就会挥舞高尔夫球杆了。两岁的时候，伍兹就出现在电视上挥杆击球，被誉为高尔夫神童。3 岁的时候，伍兹打出了 9 洞 48 杆的成绩，一个对于成年人来说也是值得钦佩的成绩。确实，他的天赋和父亲的培养让他拥有非凡的职业生涯。

最近，鼓吹天赋并不存在的励志书和视频大行其道。这些书和视频的作者认为，所谓天赋纯粹是因为努力工作、不断实践和投入"1 万小时"。

胡说八道。

前面的例子说明，与生俱来的才能绝对存在。对于极度成功的人来说，这种天赋是他们培养技能的基础，并且通过 1 万小时的练习将这种天赋转换成自己的"超能力"。

沃伦·巴菲特是世界上最富有的人之一，也是历史上最成功的投资人。他把自己的成功归功于多次幸运的选择和与生俱来的才能："我运气很好。我出生在 20 世纪 30 年代的美国……出生在美国可不是我能决定的！在某些方面，我还继承了一些不错的基因……就我而言，我特别擅长配置资本。"

巴菲特明确地表示自己出生的地点和时间以及自己在资本配置（投资）方面的天赋是自己成功的主要原因。这些因素完全不受他的控制。随后他说："拿我自己来说，我出生在 1930 年，有一个姐姐和一个妹妹。她们非常聪明，充满干劲，但是没有我这样的机遇……如果我是非洲裔，那么我的人生轨迹会不同。如果我是女性，那么我的人生轨迹也会不同。"

所以，巴菲特非常幸运，天生的肤色和性别使其受益颇多。

巴菲特是否有努力工作？他是否经历了 1 万小时的锤炼？当然，他确实有努力工作，也投入了 1 万小时。

勤奋确实起着非常重要的作用，因为只有天赋而不努力时，勤奋确实能击败天赋。但是把两者结合起来，才能为你的人生火箭注入升空的燃料。

我们可以更进一步，思考这样一个问题：为什么巴菲特会如此努力地工作？答案是因为他天生就对投资抱有亲切感。换言之，他喜欢投资。某人在某件事上"有天赋"，或者在做某事方面有与生俱来的才能，可以理解为他们喜欢参与某事，进行实践并且为之着迷。这些人特别喜欢自己的事业，为之着迷，所以才会如此努力。你经常会听到人们说你必须找到你热爱的事业。正是因为热爱，奥普拉才能成为"脱口秀女王"，伍兹才能拥有光辉的职业生涯，巴菲特才能成为"股神"。几乎每个成功的人都是如此，例如比尔·盖茨、马克·扎克伯格、拉里·佩奇、谢尔盖·布林，以及理查德·布兰森。

这些人取得了从统计学上讲概率微乎其微的巨大成功，究其原因：有着出众的运气禀赋并且辛勤工作——通常辛勤工作对于他们来说易如反掌，因为他们不仅具备这方面的天赋，而且对其充满热情、异常着迷，所以他们乐于为自己的事业付出时间。

巴菲特说："我有幸做自己喜欢的工作。没有比这更幸运的了……每天早上上班的路上，我都会兴奋地跳踢踏舞。"

根据 2017 年的盖洛普民意调查，全世界 85% 的工作者在接受匿名调查时承认讨厌自己的工作，这与前述的成功人士形成鲜明对比。报告称，"世界上有许多人讨厌自己的工作"。在英国，只有 17% 的人热爱自己的工作。

并非所有人都那么幸运，可以从事热爱的工作，很多人甚至不知道自己"热爱"什么或者有何种"才能"。正如本书随后会讨论的，关键在于试验和专注于能为他人创造价值的事情。这样你就能找到具有价值的工作（无论是创业还是为他人工作，只要是能让你得到报酬的事情）并从中获得满足感。

过多地谈论运气因素可能会让人觉得我们是失败主义者，或者觉得这样的想法令人灰心丧气，因为这与现代人秉持的自己的生活由自己掌控的信念存在巨大冲突。

其实公平这个概念也会令我们惴惴不安。埃文·斯皮格尔天生就坐拥如此巨大的不公平优势，拥有极高的社会经济地位，难道这公平吗？有人甚至会认为奥普拉天生就活力四射并且拥有令人艳羡的天赋，这难道公平吗？

生活并不公平。

生活充满了随机事件或者不合理的安排，无法准确地给每个人分配均等的资源。并不是所有人都拥有相同的机会。并不是所有人都能得到应有的回报。我们必须对他人和自己保有同情心，因为生活可能到头来并不像我们期冀中那般美好。

接受这个观点常常需要花费一些时间，部分原因是，唯能力论的错误观点普遍存在，许多人认为只要努力工作并且具备相应的能力就能获得成功。

相信我们生活在一个纯粹的唯能力论的世界里是非常危险的观点，这种想法会给人生注入一种错误的价值观、一种"应得"感。哲学家阿兰·德·波顿（Alain de Botton）明确指出：

> ……在中世纪的英格兰，如果遇到一个穷人，人们会称他是一个不幸的人，换言之，他是一个没有受到好运眷顾的人。现如今，特别是在那些相信社会已经转型为唯能力论社会的地方，例如在美国，如果遇到生活在社会底层的人，人们会不友善地称他为"失败者"。

这种观点害人匪浅，恰恰导致了发达国家的人们的各种担忧与地位焦虑。在我们生活的世界里，心理健康问题横行，包括抑郁症、焦虑症，有人甚至选择自杀。部分原因就是，我们极度渴望过上报纸、杂志、网站还有 Instagram 等社交媒体上的那些富人和名人的生活。模特的照片不仅打光专业、角度拿捏准确，还要经过 Photoshop 处理。看到这样的照片，我们会因为相形见绌而感到自卑，面对创业界的名人和其他商界名人，我们也会有相同的感受。

当然，这些名人的成功故事会让我们受益良多。但是，只要足够努力，任何人都可以实现自己的梦想，这种深植于我们脑中的想法会让我们因为无法达到这些名人的高度而感到深深的内疚。创业公司的创始人倍感压力、身心俱疲已是常态，我们需要照顾好自己，关注自己的身心健康。外部世界对于成功的定义往往非常狭隘，为了我们自己，我们在定义成功的时候必须摆脱这种束缚，才能找到幸福。我们会在本书的第三部分讨论"动机"，并进一步探讨这个问题。

有些人经常会读到或者看到励志的和激励他们的内容，他们已经习以为常，让他们承认运气因素的存在及其所具备的力量可能非常困难。他们认为纯粹通过努力，就能"强行"获得成功（而结果往往是幻灭）。励志类和商业类书籍应该探讨的内容是如何掌控生活。但是对于出生时间、度过怎样的童年、早期教育的质量这些内容，我们又怎么可能掌控呢？

对于这些事情，我们全部无法掌控。

解决问题的关键在于结合两种视角去看待世界——一方面，经济上的成功是通过努力获得的；另一方面，经济上的成功也是由于偶然的好运。我们既相信努力工作会有回报，也承认运气会发挥作用。我们需要在这两种思维模式之间找到平衡。

把这两种思维模式作为工具放入你的心理工具箱中：有的时候，你可以唤醒信念，相信自己拥有塑造未来的力量；而有的时候，你又可以从时运、运气和命运的角度思考问题，对业已拥有的一切心存感激，避免因为结果不尽如人意而心灰意冷。

从统计学角度讲，那些取得巨大成功的人们都是异类。如果你想避免崇拜巴菲特、奥普拉和扎克伯格们，想避免相信那些没有取得成功的人就是生活的失败者，想避免认为他们的结局是咎由自取，那么第二种思维模式（相信命运和运气的作用）可以发挥作用。它有助于我们产生同情心，并帮助我们在获得成功时避免傲慢和自以为是的优越感，也有助于我们在看到别人比我们更成功时抵制自卑感和嫉妒心。

统计学家纳西姆·尼古拉斯·塔勒布（Nassim Nicholas Taleb）在其著作《随机漫步的傻瓜》（Fooled by Randomness）中写道："普通的成功可以通过技能和劳动来解释。巨大的成功则可归因于（统计学上的）方差。"（塔勒布称运气为"方差"。）我们必须牢记所有我们无法控制的事情。

如果事到如今，你依旧无法认同我们的观点，那么不如思考一下：你的身边有多少人终其一生都在辛勤工作，却依旧无法摆脱对生计的忧虑？

或者，反过来讲，你的身边有多少人功成名就，却根本配不上自己的成就呢？有很多能力平平者同样取得了成功。我们相信大家都有过这样的经历：老板力不胜任，有时其所作所为对公司甚至弊大于利，而员工依旧要为他效力。

切记，运气本身其实并无对错。实际上，大家都喜欢好运。我们希望你也能拥有好运。（而且，奇怪的是，有研究表明，我们可以做某些事情来提升自己的运气，后文会详述。）如果我们忽略了生活中显而易见的好运、机缘巧合或者恰逢其时、恰逢其地的机遇，那么我们就无法准确地认识成功的条件。如果意识不到运气的真正力量，我们就会变得愤愤不平、消极颓废，始终困惑于为何终生努力工作却无法实现心中目标。

同样，如果我们没有意识到辛勤工作的作用，认识不到我们有能力改善自己的生活，那么，我们可能会变得尖酸刻薄，被无能为力的受害者心态所折磨。在这样的心态下，我们再也无法寻找自己的优势，而是纠结于自己没有得到的东西。

现实是，成功是大量不同因素、时间、决策共同作用的结果。不公平优势这一概念和 MILES 框架（参见第 5 章）可以帮助你弄清楚应该关注什么内容并规划出自己的成功之路，更重要的是，可以帮助你决定接下来应该采取什么行动。

我们希望教会你如何聪明地工作。我们希望无论是在创业过程中，还是在整个职业生涯中，从现在开始，你都能占据强势地位，以自己的不公平优势为基础开展工作。

如果你已经努力良久，渴望获得成功，但是目前仍旧没有实现目标，那么你可能并没有充分利用自己的不公平优势。

如果你决定孤注一掷，投身创业浪潮，那么找到和利用好自己的不公平优势可以大幅度增加成功的机会。

如果你身处大型组织，希望保持组织的主导地位，提升市场份额，推出全新产品并且与时俱进，那么你也必须了解并利用好你个人的不公平优势，同时作为组织战略的一部分，你个人的不公平优势也可以成为组织的不公平优势。

换言之，不公平优势的形式多样，可以在你的职业生涯或者从商道路的每个阶段为你助力。了解不公平优势，提升不公平优势，利用不公平优势，是聪明工作最有力的方式，也是为成功增添筹码最有力的方式。

但是话说回来，我们所说的"不公平优势"到底是什么呢？

第4章 不公平优势

试想，同一份工作，有两位条件相同的申请人，分别是萨莉和珍娜。她们经验相同、资质一样，各个方面毫无区别。

萨莉以惯常的方式申请工作，即通过门户网站或者求职应用程序。她精心撰写了一封漂亮的求职信，花费数小时制作了简历。无论是格式还是措辞，这份简历都准确无误。随后，她点击了提交按钮，然后默默祈祷，希望能得到理想的结果。

与萨莉不同，珍娜没有这般努力，但是她有一位朋友在那家公司工作。朋友推荐了她，将她的简历直接交给了老板。

你觉得谁更有机会获得这份工作？

答案可能是显而易见的。珍娜的机会更大，因为她依靠人际关系获得了公司内部人员的推荐。

这就是不公平优势最简单的形式。朋友的推荐提高了珍娜在领导眼中的地位，使她获得巨大的优势。

现在，我们再设想一下，第三位竞聘者叫戴维。他的母亲恰好是公司的高级经理，结果会如何？这下谁占了上风？如果我们再进一步假设戴维的母亲就是公司的所有者，结果又会如何呢？这就是更大的不公平优势。

我们都希望社会不是以这样的方式运作的，但我们心知肚明——现实确实如此。这个例子已经把问题阐述得非常清楚，但是它同时凸显了不公平优势可能被滥用的方式。总体来说，我们应该始终致力于提高社会公平性，但是请记住，我们永远无法完全消除人们的偏见，而人们的偏见势必会导致前述不公平优势。相反，我们要利用这种不公平优势，而且是以道德的方式加以利用。

生活并不公平。但是，如果我们以此为借口，怀着受害者心态，不再努力工作，放弃追寻梦想，那么这纯粹是作茧自缚、自暴自弃。

我们的目的绝不是让你在面对这个世界的时候感到绝望，或者因为知道了不公平因素在起作用而认为所有努力毫无意义。相反，我们希望你能够了解到前进道路上的障碍，意识到此前没有发现的可能路径。这就像骑车出行时遇到顶头风，如果你逆风而行，肯定会举步维艰，但是如果顺风而动，则会轻松许多。如果事先了解风向，那么就可以按照有利于自己的方向规划骑行路线。我们恰恰希望帮你选择正确的方向。

我们必须努力工作、鼓足勇气、不屈不挠，这是必然的。然而，要想成功，就必须识别并利用那些不会马上受你直接控制的因素。我们把这些因素称为不公平优势。

不公平优势是指在商场上让你处于有利位置的条件、资产或情况。

没错，我们都有不公平优势。

你的不公平优势既可能是你的出生地、你认识的人、你拥有的金钱，也可能是你的个人兴趣、技能、天赋或者专长，还可能是让你对某个问题有独到见解的生活经验，或者你可以接触到某位关键人物的能力，又或者在极为有利的地理位置建立自己公司的能力。

不公平优势有以下属性：

你的不公平优势不容易被复制或他人极难通过购买获得；你的不公平优势是独一无二的。

埃文·斯皮格尔的商业智慧和人际交往能力很难被复制，因为他在很小的时候就从父母和导师那里吸收了他们花费几十年才积累得到的知识。奥普拉·温弗瑞的早期听众是她独有的优势，而今天的大部分父母过于忙碌，没法在年幼的孩子尝试走上演讲道路的时候给予相应的培养。阿什在电子商务、搜索引擎优化和互联网营销等方面先人一步具备的专业知识和深刻的见地也是他所独有的优势。

如果已经创立了自己的公司，那么你可能会思考："我的公司有什么不公平优势呢？"

对于任何处于早期阶段的创业公司来说，公司的不公平优势就是创始人各自不公平优势的总和。

问问自己有什么其他人所不具备的优势。如果你有联合创始人，那么他或她有什么个人优势？

与人合作时，选择的对象需要具备你所不具备的不公平优势，这样你们形成的组合所具备的不公平优势会更加均衡。

切记，每个成功的公司都是以创始人个人的某个特征作为起点，无论是金钱、智慧、专长、地位还是人脉。

不公平优势是个人的经济护城河

不公平优势类似于巴菲特所说的"经济护城河"。巴菲特是世界上最富有的人之一，也是最为成功的投资者之一，他经常被问及为何总能选中正确的股票进行投资。他说自己只投资有可持续巨大竞争优势的公司。这种竞争优势可以被视为围绕公司的护城河，使其免受竞争对手的攻击。

我们相信，巴菲特的理论不仅适用于公司，也适用于所有人。

竞争优势与不公平优势

投资人和风险资本家希望你能够阐明他们关注的"你的个人优势"，或者你的不公平优势。如果做不到，那么你可能很难获得想要的投资。

对于处在早期阶段的创业公司，无论如何强调创始人的影响都不为过。这就是为什么身为创始人的你是投资人面试的对象。你决定了公司的方向。这就是为什么我们如此密切地关注创始人及其在创业伊始能够提供的有利条件。

随着公司的发展，员工人数不断增加，公司体系不断完善，创始人的影响也会减弱。公司增加了员工人数，建立了自己的制度，制定了自己的政策，建立起标准操作流程。自此，员工不再拥有不公平优势，而是拥有可持续的竞争优势（至少在传统商学院的知识体系中是如此）。竞争优势之于公司就像不公平优势之于个人和处于早期阶段的创业公司。

此后，公司有了自己的品牌力量，在规模、现金流、客户数据库、供应商和合作伙伴方面也具备了优势。作为创始人或者管理者，你在这个阶段的工作是引入公司缺少的人才，或者是决定扩大公司的业务范围，又或者是要求市场团队和公关团队以全新的方式进行品牌宣传。较大的组织和企业应该将每次产品发布视为建立敏捷、可迭代的创业公司，要将产品团队的成员当作创业公司的创始人来看待。公司的管理者应该思考：团队成员的不公平优势是什么？

然而，公司起步之初，创始人或者联合创始人就是公司的出发点，而且他们是他人关注公司时的唯一焦点。

不公平优势是杠杆

借用阿基米德的名言：**给我一个支点和一根足够长的杠杆，我就能撬动地球**。换句话说，通过使用杠杆，你可以成倍地增强影响力，从而实现目标。

利用好不公平优势，你就能聪明地工作。正如我们此前提到的，努力工作却没有聪明工作常会导致徒劳无功。努力工作的时候，我们会投入大量的时间、体力和精力。然而，聪明地工作是以正确的方式引导时间、体力和精力并使其增值，从而走向成功。所有人的一天都是 24 小时。关键在于如何有效利用时间。了解并利用你的不公平优势，能产生强大的杠杆作用。

不公平优势可以彼此促进

以某项不公平优势为基础，常常可以发展出新的不公平优势（劣势也一样），继而产生滚雪球效应。不同的不公平优势并非简单地相加，而往往是相乘。换言之，生活中堆叠的不公平优势越多，开发得越早，总的不公平优势就会变得越发巨大。

利用好不公平优势，可以铺平通向成功的道路，从而形成正向反馈循环，进一步推动事业向前发展。就像"复利的魔力"一般，如果较早开始积累，那么随着时间的推移，你最终可以获得非同一般的成功。同样，利用不公平优势取得初步的成功，从而带来更巨大的不公平优势，随后带来更多、更大的成功。

马尔科姆·格拉德威尔（Malcolm Gladwell）的著作《异类：不一样的成功启示录》(*Outliers: The Story of Success*)极具开创性，书中包括加拿大冰球运动员的例子，他们根据出生年份在9岁组或者10岁组的青少年联赛中注册参赛。格拉德威尔解释道，一年中较早月份出生的孩子表现更好，他们往往比一年中较晚月份出生的孩子身材更高大、体格更健壮。于是，出生在头几个月的孩子可以得到更多的机会接受指导，进行练习。原因非常简单，就是因为他们很幸运，能够出生在一年中的前几个月。这种判断产生了后续影响，导致越来越多在一年中的前三个月出生的冰球运动员进入职业联赛。这种情况也存在于欧洲足球运动员和美国棒球运动员身上。

这种情况被称为"相对年龄效应"。有研究证明，在学习方面也存在类似情况，而且我们的生活会长期受到这种效应的影响。举例来说，那些出生在入学分界时间之前且临近时间点的人，即在8月出生的人，上大学的可能性明显低于在9月出生的人。

以下是格拉德威尔在《异类：不一样的成功启示录》中的总结（我们用粗体做了重点标注）：

正是那些成功的人……最有可能获得导致进一步成功的有利机会。 富人得到最大数额的税收减免。最好的学生才会得到最好的教导和最多的关注。身材最高大的 9 岁和 10 岁的孩子才会得到最多的辅导和练习机会。**社会学家喜欢称成功是"累积优势"的结果。**

所有人都追求一举成功。雪球从山上滚下，其重量和体积会以指数级的速度不断增加。随着速度加快，雪球卷起雪的速度会越来越快，一个拳头大小的雪球会变得庞大无比。

这就是成功的本质。初始条件的微小变化，比如赢得巴菲特所说的"卵巢彩票"（有幸在正确的时间、正确的地点出生在正确的家庭），然后享受其他不公平优势，可以对未来的成功产生巨大的影响。

一家永远满座的餐厅会吸引更多的食客前来预订。

一部卖座的电影吸引更多观影者。

一本畅销书会吸引更多读者。

一个浏览量极大的 YouTube 视频将获得更多观众。

你拥有的不公平优势越多，能够继续积累的不公平优势就越多。关键是尽快找到并且强化自己的不公平优势，无论年龄几何。

不公平优势是加速器

不公平优势是通往成功的捷径，可以让我们达到难以置信的速度。在创业圈子里，速度就是一切。你必须非常迅速地迭代（逐步改进每个版本），用不同的产品、不同的营销策略、不同的战略来测试市场的反应。你必须认真研究市场，然后做出改变，测试哪种方式可以让自己获得增长力。增长力就是增长，快速增长就是一切。

Y Combinator 常被誉为世界上影响力最大的创业孵化器，其联合创始人保罗·格雷厄姆（Paul Graham）[1] 说："创业 = 增长。创业公司是旨在快速成长的公司。"

在这个世界上，商业巨头和那些有大笔投资加持的创业公司可以在谈笑间做出决定，瞬间就让十几个刚起步的创业公司灰飞烟灭。速度是生存的命脉。

同样，如果你是一家大型公司的高管，你的企业在业界处于支配地位，你不想被那些紧追不舍的小型创业公司超越，那么你也需要这种创业**速度**。

找到和利用属于你的不公平优势可以为你加速——它正是你与你的团队需要搭乘的"火箭飞船"。

不公平优势可以是某种"特权"，或者说它可以建立在"特权"之上。举例来说，出生在富裕的发达国家是一种不公平优势，拥有特殊的专长同样是一种不公平优势。专长给人的感觉是最唯能力论、最"公平"的不公平优势，但实际上它也是建立在运气的基础上的，是建立在有机会培养专长或者至少能够接受相应的基础教育之上的。

1　著有《黑客与画家》，该书中文版已由人民邮电出版社出版。——编者注

正因为如此，我们认为自己一路走来培养的企业营销和增长方面的专长始终是我们的不公平优势。

你通过努力获得的一切都以你依靠运气获得的东西为基础，无论是你的出生地，还是你恰好出生在某个时期，你在成长过程中获得的关爱，你从小接受的教育，你发展的人际关系或者拥有的亲朋好友，健康的身体，甚至是你与生俱来的个性，还包括你的喜好和天赋。

基于自己目前的基础，你可以努力发展自己的不公平优势——继续接受教育，提升专业知识水平，移居到其他城市甚至国家，结识新的朋友，扩大人际圈，最重要的是改变思维模式。这些都是你可以主动发展的不公平优势。

现在还不确定自己具备哪些不公平优势？存在这个问题的并非你一个人。无论你相信与否，其实大多数人不知道自己到底具有怎样的优势，即便有些线索，通常也仅限于了解自己在技能方面的优势。技能和专业知识固然重要，但是你的不公平优势远不止于此。

因此，我们从理念方面进行创新，建立了具有突破性的 MILES 框架。这是我们多年跨学科研究分析并结合自身个人经验的成果，我们也把世界各地无数创业公司创始人的经验融入其中。其他所有商业书和励志书几乎只会给出一些典型的通用建议，而 MILES 框架关注你的个人背景和现有状况，并以此为出发点，为你量身定制计划和策略，让你明白自己应该在哪些方面做出改善，承担怎样的角色，如何最大限度地利用自己的长处和背景。

第二部分

评估

我们认识很多成功人士，特别是创业者，并对他们进行了广泛的研究与深入的观察，确定了五类不公平优势。这五类不公平优势构成了MILES框架。它们是金钱、智力和洞察力、位置和运气、教育和专长、地位。

第 5 章　MILES 框架

"了解你自己。"

——苏格拉底

不公平优势

M 金钱　**I** 智力和洞察力　**L** 位置和运气　**E** 教育和专长　**S** 地位

思维模式

"在幻想未来或制订计划之前，你需要说出自己已经掌握的东西——正如企业家所做的那样。"这是领英联合创始人里德·霍夫曼（Reid Hoffman）在其著作《至关重要的关系》（*The Start-Up of You*）中提到的。他和合著者本·卡斯诺瓦（Ben Casnocha）试图阐明个人究竟应该如何通过将创业公司的商业原则直接应用到个人职业生涯中来改变自己的人生。写这句话的时候，他们假设的前提是所有企业家在制订任何商业计划之前都会自然而然地对自身进行评估。

然而，根据研究和指导企业家的亲身经验，我们发现企业家很少甚至从未进行过这种"评估"，更不用说按照我们的方式进行评估。

了解自己至关重要，因为这种自我意识会使人生道路变得更加清晰。更深入地了解自己的动机、性格和思维模式，让你能够认识并巩固自己的不公平优势，继而强化动机、改善思维模式，甚至发展新的不公平优势。

我们的基本观点是，在任何领域，那些不同凡响的成功人士（包括广受赞扬的创业公司创始人）之所以能够成功，都是因为他们具备成功所需的能力，准确把握了机会并且在生活中的随机事件上也占有优势，比如出生在支持其才能发展的特定家庭和文化中。归根结底，他们的成功是这些因素综合作用的结果。

到目前为止，尚没有一个模型可以帮助大家全面地发现和评估自己的"资产"，包括内部资产和外部资产、已经获得和尚未获得的资产，以及精神层面和物质层面的资产。而这恰恰是我们发明MILES 框架的初衷。

MILES 框架是一件强有力的工具，可以帮助你识别自己的不公平优势。它可以告诉你，你是否应该充分利用你目前所处的地理位置，你所受的教育是否能让你与众不同，你目前的地位是否是你力量的真正来源。

MILES 框架

商业书和励志书经常谈到所谓一个人的长处，但不公平优势不止于此。不公平优势这一概念的独特之处在于，它还考虑到了每个人的**实际情况**。

我们认识很多成功人士，特别是创业者，并对他们进行了广泛的研究与深入的观察，确定了五类不公平优势。这五类不公平优势构成了 MILES 框架。

> 金钱（Money）
>
> 智力和洞察力（Intelligence and Insight）
>
> 位置和运气（Location and Luck）
>
> 教育和专长（Education and Expertise）
>
> 地位（Status）

金钱是你已经拥有的资本，或你能轻易筹集的资本。

智力和洞察力包括"书本智力"、社交和情感智力，以及创造力。

位置和运气是指在正确的时间出现在正确的地点。

教育和专长包括接受正规学校教育和自学得到的知识及技术诀窍。

地位是指你的社会地位，包括你的社交网络和人际关系。这是你的"个人品牌"——换句话说，它代表了大家如何看待你。地位还包括你的内在地位，也就是你的自信和自尊。

记住，并不是要具备所有前述不公平优势才能成功。最佳策略是在选择创业伙伴的时候，选择的对象拥有你没有的不公平优势，从而形成优势互补。

所有这些不公平优势的基础都是思维模式，如下图所示。相对来说，我们的思维模式更容易由我们自己掌控，更容易受到我们的影响。

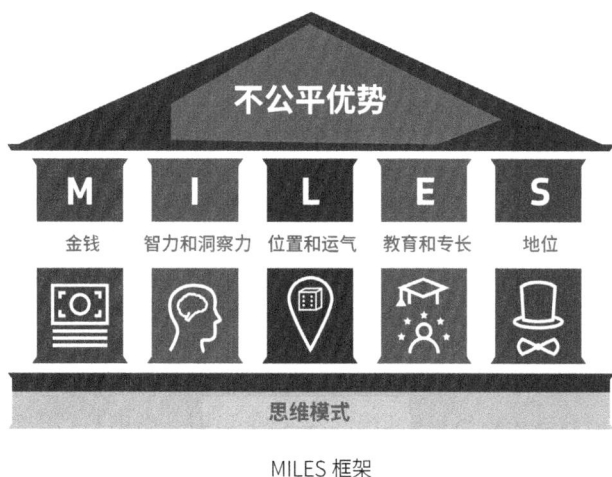

MILES 框架

大家谈论得最多的不公平优势是金钱，然而金钱并非唯一的不公平优势。我们废寝忘食建立这一框架的原因之一就是让大家不再以金钱作为创业失败或者人生失败的借口。我们来看看 WhatsApp 的联合创始人简·库姆（Jan Koum），他的故事与埃文·斯皮格尔的截然不同。

库姆现在已然成为科技创业公司巨头，但是他的起点并不高。此前他搬进社会服务机构提供的房子时，没人能预料到有一天他会拥有约 100 亿美元的净资产。库姆是如何做到的呢？他不仅"努力工作"，更充分利用了自己的不公平优势。

库姆主要是利用了自己作为计算机程序员的强大专业知识，因为他在职业生涯早期就加入了一个在业界令人闻风丧胆的黑客俱乐部。除此之外，因为成长经历的缘故，他有着强烈的隐私保护意识和反广告理念，所以在设计 WhatsApp 时从未考虑过植入广告。这也是该软件广受欢迎的原因。

对于创业公司和小企业来说，想要仅仅依靠 MBA 课程提供的框架和战略取得成功非常困难。很多 MBA 课程将企业成功的因素概括为提供"更好、更快、更便宜"的产品或者服务。但是，这些都不是真正的不公平优势，因为它们无法长期持续。相反，如果创始团队在金钱、智力和洞察力、位置和运气、教育和专长以及地位这五方面拥有合理的组合，那么才算拥有真正的不公平优势。

仅仅知道什么是不公平优势是不够的，我们需要发现自己具备哪些不公平优势。MILES 框架会提供这方面的指导。我们需要从思考下列问题入手，在研究自己具备哪些不公平优势之前，先了解自己目前的基础，即动机和人格。

动机——你为什么会做某件事

思维模式的核心是"为什么"，或者说"动机"。为什么你要努力实现某个目标？为什么你想当创始人和企业家？

西蒙·斯涅克（Simon Sinek）推广了"从为什么出发"这个概念。他指出，所有的公司都应该首先考虑他们为什么存在，然后在为客户服务的时候始终贯彻问题的答案。

企业家和创始人必须具备这种"为什么"的意识。你行动的核心（无论你是否意识到）应该是更深层次的信念和目的，并以此为行动的指导原则。随着时间的推移和经验的积累，你的"为什么"也会改变。但是从人性的角度出发，归根结底，我们的行为通常受到几个核心动机驱动。在开始创业之旅或者开展任何项目之前，问问自己为什么要做这件事情，为什么你要为自己设置这样一个目标。

不公平优势的分配是随机且不公平的，因此你的"为什么"对于你如何定义成功至关重要。理想状态下，你的"为什么"必须源自你自己，因为一旦你的驱动力是他人的期待或者是为了获取他人的认可，那么即便你成功了，结果也是痛苦的。思考这个问题可以帮助你确定你努力实现自己目标的真正动机。

我们会在第三部分讨论"为什么"或者说"动机"，届时我们将考虑建立创业公司的内部动机和外部动机。但是现在你只需留意这个问题，然后让你的潜意识去思考。

你的人格属于什么类型

为了回答这个问题，心理学家已经进行了几十年的研究。在心理学中，最为广泛接受的分类是"大五"（Big 5）人格特征的分类。

- 开放性（openness）——你对新经验的开放程度，以及你在想象力方面的表现。

- 责任心（conscientiousness）——你在组织性、自律性和目标导向性方面的表现。

- 外倾性（extraversion）——你在社交方面的表现。

- 宜人性（agreeableness）——你在待人、富有同情心和与人合作方面的表现。

- 神经质性（neuroticism）——你在抵抗担忧、焦虑或压力等负面情绪方面的表现。

对自己的人格有更深入的了解，有助于我们发挥自己的优势，知道自己在哪些方面需要格外努力。举例来说，哈桑性格内向，所以与阿什相比，他的人格中的外倾性得分较低。但是创业者需要与不同的人会面，建立人际关系，扩大人脉。哈桑明白他必须更主动地与人见面、交谈。

阿什在开放性方面的得分很高，他甚至觉得自己无法拒绝新的机会，而对于自己不断涌现的新想法总是禁不住去尝试。他需要限制自己开展工作的数量，这样才能更好地集中注意力。这有助于让自己成为更加高产、更有影响力的企业家。

研究表明，并不存在最适合创业的人格类型；但是，我们还是需要了解自己的人格类型，据此采取相应行动。最不适合创业的人格类型可能是高神经质性。如果在这方面特别敏感，那么创业可能不会是你喜欢的事业，因为它会让你面临巨大压力和各种不确定性。创立和运营企业需要经历许多挫折起伏，所以你需要有能力保持情绪稳定。你也许可以考虑从事风险相对较小的事业，这样有益于自己的心理健康。

除了神经质性，我们需要考虑的另外一个特征是是否具有远见，这与前述的开放性维度非常相似。创业者需要保持好奇心，有自己的想法，不惧体验新事物。这几点非常重要。其他人格维度对于成败的影响并不是特别大，而且我们可以通过与联合创始人合作来形成优势互补，从而弥补自己的弱点。举例来说，你非常内向，可以寻找较为外向的人作为合作伙伴。同样，对于责任心这个维度，如果你的组织性不强（但是可能较为有远见和有较强的创造力），那么可以寻找组织性较强的合作伙伴。

另一个较为流行的性格评估工具是迈尔斯－布里格斯性格评估法（Myers–Briggs assessment），它可能是日常生活中最常见的性格测试。人们会在个人介绍、简历甚至名片上使用该项测试的结果。

网上有许多很棒的性格测试，而且是免费的，当然也有些性格测试并不准确。首先要确认测试的权威性，不要参与社交媒体上那些愚蠢的测试，你需要关注有研究支持的优质测试。这些测试的结果具有一定的参考价值，往往反映了我们的生活经历，值得我们思考。

对于这些测试的结果不必过于担心，特别是在你确定自己的实际情况与其不符时。这些测试结果只能反映某些指标的情况。许多测试仍在完善中，测试内容会不断变化，而且结果也可能取决于你在测试当天的感受。但最重要的是，参与此类测试可以引发我们自省。

　　这种自省有助于我们思考哪条道路通向成功，思考在哪个行业创建何种类型的创业公司，甚至思考我们是否要在创业早期依旧在某家公司保有职位，以降低创业的风险，或者索性只是把创业当作日常工作结束之后的副业。我们还需要咨询了解我们的人，他们既可以是我们的亲朋好友，也可以是同事或者室友，从而让我们更透彻地看清自己。

　　在开始讨论 MILES 框架图中的支柱之前，我们要先解决地基的问题。如果没有这个地基，你可能会坐拥世界上所有的不公平优势，但仍然感到自己不快乐、不成功。这个地基就是你的思维模式。

第6章 思维模式

不公平优势

M	I	L	E	S
金钱	智力和洞察力	位置和运气	教育和专长	地位

思维模式

拥有正确的思维模式是使用 MILES 框架的起点，因为正确的思维模式能够对我们产生直接影响。如果能从不同的视角来看待自身所处环境和生活状况，我们就可以迅速改变思维模式。

举例来说，懂得感恩就是极其重要的思维模式之一。关注生活中所有值得自己感激的事情，无须改变外部环境，你就可以变得更加快乐，卸掉肩头的压力，注意力也更加集中。心怀感恩，工作效率会更高，而且对于工作的个人感觉也会更好。同时，这也证明了思维模式可以影响我们的生活质量和人生。

从思维模式入手的另外一个原因是，我们可以把整本书的信息归纳为："思维模式高于物质条件，但是物质条件也至关重要。"换言之，虽然一些励志书告诉我们，只要下定决心，便能实现任何目标，但本书的观点更注重现实，即物理条件和生物条件会限制个人发展。我们不会因为笃信物理学而获得诺贝尔物理学奖。但是如果你对自己的事业都没有信心，那么成功的概率微乎其微。

有人可能会误解，认为不公平优势的方法局限性太强。有人可能认为我们的想法有悖于本书的初衷。完全没有：掌握成功的因素，包括生活中随机的、偶然的、与特定环境关联的以及并非依靠努力获得的因素，这样做并非要让自己气馁。表面上看，我们前面的话语肯定会让你垂头丧气，因为你没有金钱，没有地位，更没有接受过相应的教育，所以缺乏能够改变未来的长处。

事实并非如此。

成长型思维与固定型思维

斯坦福大学心理学教授卡罗尔·德韦克（Carol Dweck）博士认为，抱有固定型思维的人认为自己在某些领域有与生俱来的天赋，可以顺利完成相关的工作，而在其他领域则没有这种天赋，所以很难完成这些领域的任务。这种非黑即白的思维方式往往会阻碍他们的发展。对于抱有固定型思维的人来说，失败就是灾难。遭遇失败时，他们会选择逃避或者埋怨他人。

与固定型思维相对的是成长型思维。具备这种思维的人相信生活在不断变化。没错，我可能不擅长某事，但原因可能是我没有花费时间和精力去提升这方面的能力。成长型思维可以高度概括为六个字："但是未来我能。""我还不会写代码……但是未来我能。""我还不会写商业企划书……但是未来我能。""我还没有找到合伙创始人……但是未来我能。"这六个字可以将我们提升到全新的层次。

虽然到目前为止，成长型思维显然是两种思维中更好的选择，但是仅凭这种思维并不能保证成功。

毕竟，我们不太可能真的这样说："我不是万亿富翁……但是未来我能！""我不是职业足球运动员……但是未来我能！""我不是第一个去火星旅行的人……但是未来我能！"

从现实来看，这些目标是我们无法实现的。成长型思维的缺陷是，它往往忽略了一些人在生活中已经拥有的大量不公平优势（和运气）。第一位万亿富翁很可能是现在已经坐拥数十亿美元资产的某位科技巨头——我们预测可能会是亚马逊的杰夫·贝索斯（Jeff Bezos）。在未来大获成功的职业足球运动员现在可能不到 18 岁，而且必须自孩童时期起就开始接受成为职业球员所必需的训练。第一个登上火星的人现在应该正在接受成为宇航员的训练或者可能也是一位拥有数十亿美元资产的富翁（我们认为可能会是埃隆·马斯克）。

通过观察离群值，即数据中与其他数值相比差异较大的一个或几个数值，人们做出了最具误导性的假设，并认为自己没有取得同样成就的唯一原因就是缺乏足够的动力、不够自律、不够努力。

回顾马克·扎克伯格、奥普拉·温弗瑞、埃文·斯皮格尔或萨拉·布莱克利（Sara Blakely，美国亿万富翁、内衣大亨）的成功经历时，我们可能会忽视他们的不公平优势，这些优势并不受他们控制。

"一切皆有可能"的意识绝对是心理工具箱中的一件利器。然而，我们的思维中还需要有现实主义的元素，当然这个元素也不该过度限制我们。我们需要找到适当的平衡。如果你一味强调"一切皆有可能"，那么脑子里充满的只是不切实际的白日梦，一旦回到现实，环顾四周，目睹着梦想与现实的巨大差距，你便会经历内疚、自责和苦恼。你会自怨自艾，或者变得尖酸刻薄、愤世嫉俗。

如果我们能以过程为导向定义成功，那么不仅可以避免前述状况，而且可以把注意力放在采取行动和享受生活这段旅程上。这样一来，我们就会关注内心的满足感，而不是只注重可量化的金钱方面的成功（这种成功永远无法百分之百受控于我们）。

我们不是让你放弃这两种思维，而是想为你提供第三种思维。

我们称之为**现实-成长型思维**。

现实－成长型思维指的是有能力接受已有的硬性限制（比如宇宙的物理法则），同时相信凡事皆有可能（以形而上的方式看待世界）。这种思维承认人生确实会遇到限制，但是这些限制并不像有些人眼中那般不可逾越。

这两种对立的观点必须同时存在于我们的脑海中。我们并不需要让它们任何一方占据主导位置，这样才能在需要的时候以正确的态度，从正确的角度看待问题。我们希望你能把这种中和之后的思维纳入自己的心理工具箱之中。

有时，你需要相信一切皆有可能，这样才能倍感鼓舞、动力十足地采取行动（有时候世界会给你惊喜，让你有意外收获）。有时，明白自己可能不会成为那些非同凡响的成功个例也是一件好事。你能够享受简单的生活，因为生活中最为宝贵的东西其实都是免费的。这一点千真万确。

现实－成长型思维在自我意识和自我信任之间找到了平衡。自我意识说："我清楚我可能永远无法赢得诺贝尔奖、治愈癌症、当上总统或总理，或者成为世界上最富有的人。"自我信任说："我会以自己的方式取得成功。即使实现目标困难重重，我也会直面困难，迎接挑战，甚至可能会产生比我想象中更大的影响力。"

现实－成长型思维鼓励我们在工作时脚踏实地，但是依旧敢于梦想。梦想并非一味空想，或者单纯地相信一切皆有可能；脚踏实地也并非只是埋头苦干，认为"我永远不可能超越平均水平，永远只能是普通人"。你需要将两者结合。你需要设置现实的目标，而非只是关注不同寻常甚至是一反常态的个例。你想登上《福布斯》杂志或者《时代周刊》的封面？没问题，但是需要先设立一个目标，考虑如何建立能够盈利的公司或者建立具有真正影响力的组织。点点滴滴地积累，也许有一天，登上知名杂志封面会成为一个合理的目标。

但请记住，我们不需要上《福布斯》《名利场》或《时代周刊》的封面。我们不需要通过出名来获得快乐、满足和成功。事实上，一心追名逐利反而是一种阻碍，而非动力。

渴望能够带来力量。哈桑喜欢用"哈利·波特"系列里的分院帽来打比方。你或许还记得，在 J. K. 罗琳创造的魔法世界里，分院帽是一顶会说话的帽子。当你戴上它时，它会分析你的性格和优势，将你分配到霍格沃兹的某个学院。哈利·波特戴上它的时候，分院帽考虑将他分到斯莱特林，那个学院的学生以野心勃勃、狡黠精明而著称（与黑魔法和邪恶力量联系最为紧密）。但由于哈利特别不想去斯莱特林，因此分院帽做出了让步，把他分到了格兰芬多，这是哈利心目中完美的分院决定。这个故事其实很有意义。它说明，如果你对某件事情足够渴望，甚至会获得改变人生的力量。

不过，这种力量有限，这就是现实 – 成长型思维中的"现实"因素。

举例来说，20 世纪 90 年代中期，拉里·佩奇（Larry Page）和谢尔盖·布林（Sergey Brin）恰好同时在斯坦福大学读研究生，那时互联网还处于起步阶段。在此期间，在导师的鼓励、指引和帮助下，他们构思并构建了谷歌的原型。

现在互联网已经不再处于起步阶段。而且，如果你的成绩并不优异或者没有足够的金钱，是没法进入斯坦福大学的，也就没有机会接触到这么一位聪明过人、技能熟练、志同道合的联合创始人。两个人兼具极强的洞察力和执行力，在全新的领域应用自己出类拔萃的专业技能。卓越的能力使他们在技术方面拥有不公平优势，可以创造优于同行的产品。在当今世界，我们已经不可能依法炮制创建谷歌这样的公司。即便你确实想构建与之竞争的搜索引擎，也需要有独到的见解或者技术层面的不公平优势。这是事实。但是，这并不意味着成功遥不可及，而是你需要选择一条不同的道路，利用好自己的不公平优势。

不公平优势确实存在。天赋确实存在。运气确实存在。性别歧视、年龄歧视、裙带关系、个人偏见、社会关系、财产继承、更好的教育条件——所有这些通通存在，这是无可辩驳的事实。总体来说，我们出生的大环境中有太多我们无法控制的固定变量。我们必须坦然接受。与此同时，我们必须相信我们能主宰自己的未来。我们可以对自己的人生负责。只要设定的目标对于我们来说在能力和资产（我们的不公平优势）范围之内，我们就有机会实现它。

这种中和之后的思维非常有必要。过于注重生活中的不公平因素，你会觉得自己像一个受害者。过于相信自己是"主宰自己未来的建筑师"，追求百万富翁的梦想在数年努力之后依旧未能实现，你将承受幻灭的冲击。

许多企业家在成立公司的时候并没有宏图伟愿，而且在很多案例中，创业只是副业而已。谷歌和脸书在成立之时并不是要在各自的领域称霸全球。但是随着公司的成长，创始人意识到他们提出的解决方案非常优秀且恰逢其时。

当然，有些企业家确实拥有远大愿景。杰夫·贝索斯从一开始就有主宰零售业的想法，这与此前传言他只是想做网上书店相反。奥普拉一直坚信自己会取得非同一般的成就。萨拉·布莱克利甚至写下日记，规划着如何改变世界。

阿什建立售卖鞋子的电子商务网站并且开始盈利的时候，并没有想到自己会成为"互联网百万富翁"，他只是享受在互联网上赚钱的过程。

学习了在线营销和销售课程之后，哈桑才冒险创业，初衷也只是想赚取被动收入，争取不做"打工人"的自由。

想要实现财务自由，过上梦想的生活，产生渴望的影响力，途径并不唯一。

现实 - 成长型思维是一片沃土，你的不公平优势会在此破土而出。抱有正确的思维，便能看到生活中涌现出的海量机会。即便你的情况没有丝毫改变，这种思维模式也能让你看到一个全新的世界。

没有正确的思维方式，我们很难走远。有些富家子弟坐拥大量不公平优势却依旧一无所成。世界其实就在他们脚下，但是他们从未采取行动。可能在当今世界，更好的例子是，很多人支付了巨额教育费用，却没有利用学到的知识。还有人社会地位崇高，却也没有善加利用。没错，我们成功的出发点是我们的现有条件，很多是出生便已经决定的。但是成功的出发点还可以是我们看待世界的方式，可以是我们设立的目标。我们可以在任何时候改变自己的视角和目标，让它们服务于我们的成功。

强大的现实－成长型思维应有的 4 个特征

1. 远见

不容置疑，远见是所有强大思维模式最重要的特征。你可能听过这样一句话："没有远见，便会消亡。"不仅如此，没有远见，公司会迷失方向，员工会失去工作，高管会失去理智。

2017 年，《福布斯》杂志研究了与企业家特征有关的已有数据，并列出了一份有用的人格特征清单。这份清单包含 24 项人格特征，其中"远见"排名第一。《福布斯》杂志称："远见似乎比其他任何特征都更普遍、更重要。"

有远见是指能够清晰地看到未来。这种能力并非神奇的魔法，而是精准地构想和设定目标。虽然佩奇、布林和扎克伯格在创业之初并没有远大的愿景，但随着事业的发展，他们逐渐拓展视野，看到了自己事业的潜力。所谓远见，并不一定是宏图伟业。我们随后会提到知名美妆博主胡达·卡坦的故事，她没有远大的理想，而一心只想从事化妆工作。

远见是我们开始创业的根基，也可能是我们运营企业的关键。项目管理应用程序 Basecamp 的创始人关注的是实现工作和生活之间的平衡。他们教会了我们，作为创业者，我们不需要主宰世界就可以获得成功的事业和幸福的人生。

人们会追随有远见的领导者，即便远大愿景最终未能如愿实现，人们也会如此。有远见的人如同一个先知，说出未知的事物并将之变为现实。如果你没法畅想公司的未来，就没有理由再继续坚持。一旦遇到挫折，你的公司便会画上句号。

有远见的人可以看到自己想创造的未来。奥普拉曾提到自己在 4 岁的时候拥有的愿景，那时她梦想自己能过上完全不同的生活：

我记得我站在后门廊里，看着祖母煮衣服，然后用棍子把衣服从锅里挑出来。那时我 4 岁，我心想："这不是我未来的生活。会好起来的。"这并不是说我自视甚高，只是我很清楚无论如何生活会有转机。

奥普拉不只是梦想着自己有一个不同的环境。她能够清晰地"看到"这个环境，并且最终将之变为现实。

最初加入 Just Eat 的时候，阿什会花费数小时与管理团队讨论公司未来可以达到的规模。他们会共进午餐，其间经常会聊到"我认为公司未来会价值 5000 万英镑，原因如下……"随着时间的推移，当他们谈论公司市值时，数字从 5000 万英镑到了 1 亿英镑，后来到了 1.5 亿英镑。在公司创立之初，随着他们看到公司的潜力越来越大，愿景也越来越宏伟。

虽然阿什和管理团队没有想到，首次公开募股的时候，公司市值达到了天文数字，但是愿景让他和他的同事朝这个方向畅想。

2. 足智多谋

"企业家是能够纵身跳下悬崖然后在下坠过程中组装出一架飞机的人。"

这是里德·霍夫曼的一句名言。他完美地描述了企业家应该具备的快速解决问题的智力与能力。

在阿什创立的公司中，有的已经顺利出手，有的则没有成功。你可能会好奇个中原因。是否有更好的方法来规划创业之路呢？

简而言之：没有。

当然，有经验的企业家、投资人、创始人或创业公司早期员工可以采取措施来减少风险，但永远不可能真正消除各种危险。这其中的一个原因是，当我们响应创业号角召唤时，经常会踏入前人从未涉足的领域，会打破过去的惯例。而当能打破某些惯例的时候，我们便能以全新的方式审视自己的公司。

关键在于要对自己提出解决方案的能力有信心。

3. 不断成长和终身学习

相比历史上的其他时期，现在我们对于终身学习有着更加迫切的需求。在过去，你可以在几年的时间里拿到一个学位，并把它当作终生的依靠。现在情况已经大不相同。

描述技术进步的曲线不断变陡，表明技术的发展速度不断加快。创业公司正在颠覆各行各业。5G 技术及其应用、更加出色的人工智能和自动驾驶汽车即将成为现实。在我们写作本书的时候，商业模式也在发生变化，新的工具和平台不断涌现。

现在，部分业内规模最大、业绩最好的公司，包括苹果、谷歌、开市客（Costco）、全食超市（Whole Foods）和希尔顿酒店在内，在招聘时已经取消了大学学位这个硬性条件。

从这一点来看，未来属于那些不断学习且不断成长的人，而不是一辈子都躺在大学文凭上的人。

4. 勇气和毅力

本书到目前为止所讲的每个成功案例中，主角都具备一定的勇气。换句话说，他们能够在面对阻力时一直坚持下去。

在前进的道路上，我们会遭遇拒绝，碰到各种陷阱或者障碍。如果没有毅力，创业公司便无法生存。

你需要厚脸皮。你需要能够应对包括建设性的和破坏性的批评在内的各种批评。你需要具备足够强的复原力，迅速摆脱低迷的状态，摆脱失败的阴影。你需要主动承担责任，因为当你是创始人时，你不能责怪其他任何人。

这很艰难。只有充满勇气和毅力，拥有健康、乐观的态度，才能让你渡过难关。因此，在我们深入研究 MILES 框架的核心内容时，请牢记拥有正确的思维模式是多么重要。下面我们就来看看 MILES 框架的具体内容，首先我们来谈谈金钱。

第 7 章　金钱

"要想赚钱，先要有钱。"

——英国谚语

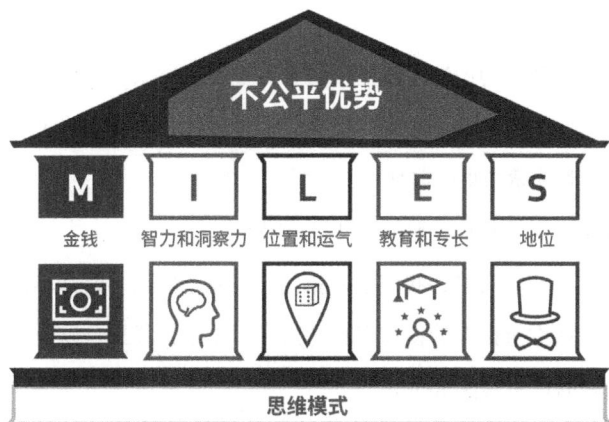

哈桑曾与 Zoopla 的前任搜索引擎优化（所谓搜索引擎优化，其实就是让自己的内容进入搜索结果的前几条）主管交流。Zoopla 是英国房地产领域的一家科技创业公司，于 2014 年首次公开募股，与 Just Eat（英国）差不多同时起步。

和 Just Eat 一样，Zoopla 也有着令人震惊的增长速度，其主要的增长动力之一是搜索引擎优化。搜索引擎优化是一项非常困难和耗时的工作。它可以帮助公司吸引更多客户，因为在谷歌搜索中名列前茅意味着公司更易被找到，而且显得信誉更好，所以对公司的发展影响重大。每个公司都希望自己能出现在搜索结果的前端，这不难理解。

这位主管透露了他们在搜索引擎优化方面成功的秘诀。你想知道是什么吗？

并购。

没错，他们的做法是收购所有在谷歌搜索结果中比他们排名高的公司。他们用自己筹集到的资金，通过收购竞争对手，硬生生地挤入了谷歌搜索结果的前列。

这难道不是非常有趣的一件事情吗？

谈到金钱的时候，我们通常指的是财富。然而，财富不仅是金钱，还包括你所拥有的任何资产（房子、土地、股票，以及你可以变卖换钱的任何其他东西）。

阿什尤为清楚金钱的重要性，正如我们在他的故事中看到的，他既品尝过资金充足的滋味，也经历过穷困潦倒。那是截然不同的两个世界。

他注意到了一件事情：富人常常刻意隐瞒自己轻松赚到更多钱的方法。我们总是认为富人会缴纳较多的税金，其实他们知道如何缴纳低于我们预期的税金。阿什觉得跟其他有钱人交流的时候比较别扭，因为他们的态度总是"这钱是我工作赚来的"。但是他们忘记了对于已经拥有大量金钱的人来说，赚钱会容易许多。有钱人手中有资产，而资产本身就可以创造金钱。如果你拥有一处房产，然后将其出租出去，那么你每个月都会有收入。

金钱还有另外一个名字——"资本"。这也是机构创业投资者被称为"风险资本家"的原因——他们向创业公司注入资本（金钱）。

不过，金钱并不是我们拥有的唯一一种资本。社会学家皮埃尔·布尔迪厄（Pierre Bourdieu）认为，所有人都拥有三类资本：经济资本（金钱）、社会资本（我们的朋友和盟友形成的关系网络）和文化资本。文化资本基本上包含其他能够让我们获得尊重和声望的一切，比如知识、资质、头衔、职业、言谈举止、口音、衣着品味、肢体语言、爱好等。

经济资本是我们在本章讨论的内容，其他两类资本属于 MILES 框架中的"地位"部分。

拥有大量金钱是一种不公平优势。能够资助你自己的创业公司是一种不公平优势。无须因为支付房租和其他开销而花光每月所有收入并面对巨大压力显然也是一种不公平优势，这让你可以有充足的时间专注于让自己的创业公司盈利（或者为超高速增长型创业公司募集下一轮资金。创业公司往往需要很长时间才能盈利）。

生命周期和"烧钱速度"

在奇妙的创业世界里，在创业公司耗尽资金被迫关闭之前创业者拥有的时间，称为**生命周期**。你可能拥有 4 个月的生命周期，或者拥有一年的生命周期，这取决于你拥有的金钱数量，还有你的"烧钱速度"。"烧钱速度"是指创业公司每个月损失的金钱数量。如果创业公司的银行账户上有 5000 英镑，而"烧钱速度"是每月 1000 英镑，那么该创业公司的生命周期就是 5 个月。

简单来说，金钱越多意味着生命周期越长。另外，"烧钱速度"越慢，生命周期也会越长。

对于创业公司来说，生命周期这一概念颇具意义，因为创业公司可能要几个月甚至几年的时间才能实现盈利。对于那些超高速增长型创业公司来说更是如此，它们的目标并非盈利，而是尽可能以最快的速度增长（尽可能多地获得用户或者客户），最终再开始盈利。

此前很多人可能并不知道，截至 2019 年，优步仍未实现盈利。优步自创立伊始便以令人惊愕的速度"烧钱"，而之所以依旧没有倒闭，是因为它源源不断地从投资者那里筹集到越来越多的资金。这些投资者很有耐心，他们相信优步终会盈利。

但是即便你不能像优步那样获得几乎无穷无尽的资金，只是计划依靠自己的资金，启动一个以盈利为目的的生活方式型创业公司[1]（lifestyle startup），你依旧需要计算自己的生命周期，以评估你能够在没有工资的情况下生活多长时间。显然，如果你在初始阶段就拥有大量资金，那么这会更加容易，但是即便如此，你也需要知道自己的生命周期。如果计算错误，那么拥有再多的金钱也会以一贫如洗收场。

如果创业只是你的副业，那么你可以做好两件事情来维持。一是削减成本（降低"烧钱速度"），二是增加资金。削减成本意味着简化生活方式（如果你是足够幸运的年轻单身人士，那么可以搬到父母家去住，这是屡试不爽的好办法）。对于创业公司来说，始终精打细算、保持节俭非常重要，因为省钱对于延长生命周期并为盈利争取时间至关重要。然而，注意不要过度节俭，对于创业公司成功所需的东西要舍得投资。

拥有大量资金是一种巨大的不公平优势。但是，不要绝望——没有大量资金也有好处。我们稍后会讨论这个话题。

最后，正如我们将在第 17 章中讨论的，除了创始人自己，率先给创业公司投资的人是英文中以 F 开头的三类人：家人（Family）、朋友（Friend）和傻瓜（Fool）。当然，所谓"傻瓜"只是玩笑之语，但是反映了投资创业公司存在较高风险。但愿他们的投资抉择并非

---

1 生活方式型创业公司的创始人在经营公司的同时依旧过着自己喜欢的生活。在美国硅谷，生活方式型创业者一般是从事自由职业的程序员或者网站设计师，他们热爱自己的工作。——译者注

愚蠢的决定。然而，如果你认识有钱人并且能够说服他们给你注资，那么这种筹措资金的能力也可以被认为是一种金钱方面的优势。如果你的朋友和家人非常富有，他们便有能力冒一回险，投资你的创业公司。

尤安·布莱尔——有家银行叫"爸妈银行"

结束了一段在投资银行的职业生涯后，32 岁的尤安·布莱尔（Euan Blair）希望做一些更具社会影响力的工作。他与另外一位创始人一同创立了白帽公司（WhiteHat）。这是一家科技创业公司，旨在让更多年轻人有机会成为"学徒"，而非获取"毫无用处"的大学学历。

然而，创业是艰难的。第一年，白帽公司就已经亏损了约 40 万英镑。不过幸运的是，尤安和他的联合创始人同年获得了将近 60 万英镑且完全无息的资本捐助。

他们长出了一口气，总算得救了！

这笔钱从何而来呢？

捐助者并未透露姓名。

尤安·布莱尔拥有非比寻常的童年。他长大的地方举世闻名——唐宁街 10 号。他的父亲是英国前首相托尼·布莱尔。

托尼·布莱尔被媒体戏称为"钱袋布莱尔"，因为他卸任后赚取的金钱达到了天文数字。据说，他每次的演讲收费高达 25 万英镑。

布莱尔夫妇拒绝评论他们是否给白帽公司提供了"资本捐助"。但是布莱尔家的"爸妈银行"一直以来都非常慷慨。根据《每日邮报》和《每日电讯报》的报道，尤安和他的母亲谢丽除了在伦敦中心区共同拥有一栋价值 440 万英镑的联排别墅，还一起投资了其他价值不菲的房地产项目。

我们是在指责布莱尔夫妇以这种方式帮助儿子是不道德或错误的吗？

完全没有。但是我们认为这是一种巨大的不公平优势。即使你不是百万富翁的孩子，拥有"爸妈银行"同样可以给你带来巨大的优势。

Crunchbase[1] 的数据表明，至今为止，白帽公司已经累计获得了至少 2000 万美元的资金。

金钱是创业公司成功的唯一条件吗？

绝对不是，远非如此。许多获得数百万美元资金的创业公司最终难逃惨淡收场。

1　Crunchbase 于 2007 年在美国旧金山创立，是覆盖创业公司及投资机构生态的企业服务数据库公司。——译者注

物流公司 Shyp 创立的初衷是简化全球范围内的货物运输，让其简单到"在智能手机上点击几下"便能实现。该公司筹集了 6210 万美元的巨额资金，但是在 2018 年以失败收场，裁掉所有员工，彻底倒闭。

Beepi 是一家二手车市场创业公司，它筹集了令人咋舌的 1.49 亿美元，但是最终依旧一败涂地。

不难看出，拥有金钱不是成功的唯一因素，但是确实是一种巨大的不公平优势。WhatsApp 联合创始人简·库姆曾在雅虎供职，其间他积攒了高达 40 万美元的储蓄（软件开发人员的收入不菲）。年轻的马克·扎克伯格在父母的帮助下，在脸书的早期阶段就能为其投资 8.5 万美元。

金钱是缓冲垫

"即使跌倒，我也会落在一堆钱上。"

——说唱歌手 Jay-Z

选自其与 Nas 合作的歌曲 "Success"，

收录于专辑 *American Gangster*

Jay-Z 用这句歌词来描述金钱的缓冲作用。比如，某次冒险的投资失败了，如果有金钱支持，你依旧可以正常生活。这就是财富的好处：财富像一张安全网，可以防止各种问题。财富是一种强有力的应急措施。对于家境阔绰或者社会地位高的创业者来说，财富是他们管控风险的方式。他们有一张用金钱织就的硕大安全网可以依靠。

这种创业者不会沦落到流落街头；他们永远无须为下一顿饭的着落而担忧。

而且，那些家境殷实或者社会地位高的创业者根本不用担心无家可归或者饥肠辘辘这种情况。即便是在创业中损失一些资金，他们的生活也不会受到丝毫影响。但是对于那些中产阶级或者工薪阶层的创业者来说，创业失败却是一记重击。

这就是为什么富家子弟成为创业公司创始人的情况相当普遍。其他与**教育**和**地位**有关的间接因素也起到一定作用。我们会在接下来的章节中讨论。

来自阿什的故事

最近我在练习室内攀岩。我需要率先学会如何正确应对从不同高度摔落，从离地几十厘米到差不多一半身高，再到高于身高的高度。正确应对摔落或者失败意味着我们可以爬起来再度尝试。如果没有学会的话，我们就会面临灾难性的后果，甚至死亡。

在创业世界里，没有人教我们如何正确地应对失败才能轻松地爬起来重新开始。有些人有金钱这个缓冲垫，但是如果你没有的话，学习如何应对失败变得更加重要。

失败的创业者、流行歌手、演员或者作家的墓志铭上不会刻有《失败的七个秘诀》。所有人只会关注"成功者"，因为我们认为他们或多或少掌握了我们没有掌握的秘诀或者养成了我们没有养成的习惯，而这些秘诀和习惯正是我们所需要的。

通常情况下，这些非同凡响的成功人士实际上只是少数个例。如果我们把他们绘制在散点图上，就能看得一清二楚。我们过度地将注意力集中在这些离群值上，却很少关注那些真正可以帮助我们获得成功的现实案例。我们应该关注那些比我们领先 5 ~ 10 年的普通成功者，而非那些亿万富翁。

将金钱作为你的不公平优势

通常情况下，你对自己的经济情况非常清楚。如果真的不确定，那么可以看看自己的银行账户上到底有多少钱。但是，你可能无法判断自己拥有的金钱数量是否称得上真正的不公平优势。

一般来讲，判断的经验法则是，如果辞去全职工作，你需要至少 6 ~ 18 个月的生命周期，也就是说，你的金钱足够支撑这段时间。因此，要判断**金钱**是否是你的**不公平优势**，请思考以下问题：

- 你现在的银行账户（无论是现金账户、储蓄账户还是个人储蓄账户）上[1]是否有这笔钱？
- 你是否有朋友和家人可以预先投资这笔钱？
- 你可以通过目前的工作攒下这笔钱吗？

如果你有足够的金钱来启动自己的公司，并且在你所需的生命周期内提供支持，那么非常好。这意味着**金钱**就是你的**不公平优势**之一。

如果没有，那么你在这方面能做些什么？金钱可能是你无法直接控制的因素。如果你没有富裕的父母和亲戚，或者没有良好的信用记录，没法获得银行贷款，你该怎么办？

如果你没有**金钱**这项不公平优势，那么就应该考虑创立启动成本不高的创业公司，并且在公司开始盈利之前不要"烧钱"。换言之，你创立的公司要快速获取付费客户，必须以此为首要任务。生活方式型创业公司通常属于这个类别。这类公司不需要"烧"很多钱，比超高速增长型创业公司更早盈利。硅谷的创业公司往往是后者，它们旨在成为价值超过 10 亿美元的公司。实现这个目标的策略便是不关注盈利与否，只关注公司能否以超高速增长。在本书的第三部分，我们会深入讨论如何选择创业公司的类型。

唯一的例外情况是，你具备相应的能力或者信誉，可以在创业

1　在英国，银行账户通常分为现金账户、储蓄账户和免税的个人储蓄账户。——译者注

的构想阶段就筹集到资金。这是极为罕见的，通常你的创业公司需要具有出众的增长力和成长势头才能筹集到相应的资金。你必须拥有MILES框架中的其他多项不公平优势——最好是此前有过成功创业的先例——才有可能具备这种能力或者信誉。但这是完全有可能的。

以下是一些建议，其中一些侧重于最容易赚钱的技能，其他建议则着眼于增加收入的方法。

尽量减少生活开支

我们都会买自己完全不需要的东西。减少这样的情况——这些东西其实并不会让你更加快乐，甚至你可能花了很多钱去讨好那些不关心你的人。设定预算，注意储蓄，节省开支，可以有效延长创业的生命周期，给自己更多的时间来实现盈利或者筹集资金。

学习营销和销售知识

如果能学习并应用营销和销售知识，就能获得一项可以永久赚钱的技能——总会有很多企业主需要你帮助他们获得更多的客户。你可以创造价值，然后获取相应的回报。这种商业理念永远有效，哈桑进行了小规模的实践，加里·范纳查克则成立了自己的营销机构范纳媒体（VaynerMedia），大张旗鼓地实践这一理念。为客户提供某种服务是一种快速获得付费客户的方法。更重要的是，你可以将营销和销售技巧应用于你自己的创业公司，从而创造收入。

筹集资金

学习推销技巧并且拥有优秀的团队和商业构想（对问题有敏锐的洞察力和行之有效的解决方案）可以帮助我们从投资者那里筹集资金。在某些情况下，这是最不可取的选择，因为这样的话投资者会成为你的老板，或者他们会占据公司的大量股权。但是如果某些创业者的创业构想适合建立超高速增长型创业公司，也有适合的**专长**和**地位**，那么融资是绝佳选择。几乎所有获得空前成功的公司选择的是这条道路。关于融资，我们同样会在第三部分进一步讨论。

学习编程

关于如何编程，你可以找到大量免费或者低价的图书、课程和其他学习资料。学会编程不仅可以以极低的成本为自己的创业公司创造产品，而且可以赚取丰厚的报酬，让自己作为自由职业程序员或者全职程序员从事相关工作。这是赚钱的好方法，可以帮助你延长生命周期。

开启自由职业

可以学习某项紧缺技能，比如我们此前提到的销售、营销或者编程，还有用户体验设计、内容写作或者社交媒体运营等。这样一来，你便可以在业余时间赚钱，补充全职工作的收入，甚至将其当作主业。如果你以自由职业者的身份积累资本，那么可以先将创业作为副业，直到你可以全身心地投入其中。

贫穷与创业

如果你的生活极度贫穷或者财务状况极不稳定，而且支付各类账单、房租或者房贷已经让你身处压力和恐惧之中，那么创业绝对不是正确的选择。同样，如果你需要抚养孩子或者需要照顾其他人，那么创业也不是明智之举。考虑创业之前，你的基本生活应该需要有所保障，这意味着衣食无忧、居有定所、拥有安全感。

既然你在阅读本书，就表明你不太可能身陷贫困之中。然而，你仍然需要认识到，生活中的各种不稳定性会在不同的阶段影响许多人。

因此，很多有识之士提倡建立全民基本收入（universal basic income）体系，以此确保人民在生活中远离实际的匮乏和对匮乏的恐惧。事实证明，生活在这样的匮乏状况之中会导致智商降低，也无法以有利于自己的方式行事。埃隆·马斯克、马克·扎克伯格以及互联网之父蒂姆·伯纳斯-李（Tim Berners-Lee）都提倡建立全民基本收入体系。本书的两位作者也坚信应该建立这样的社会保障制度，同时我们认为此举可以部分解决自动化和人工智能带来的问题。这是因为人工智能会使越来越多的工作岗位不复存在，全民基本收入体系会为所有人提供缓冲时间。

对于满足人民的基本需求，使他们免于身陷绝望，有能力追寻理想，发挥创造力，建立全民基本收入体系可能是一种解决方案。整日为沉重的债务发愁，甚至食不果腹，这种环境并不利于创业。

金钱是一把双刃剑

正如我们所提到的，每种不公平优势都有不利的一面。坐拥大量金钱不一定是好事，没有很多钱也不一定是坏事。

如果你并非处于极端贫穷的困境，如果你还年轻，非常幸运地依旧住在父母家中，也没有需要抚养的孩子，没有需要照顾的对象，那么虽然你的经济基础远远没有达到你期望的水平，但是你的情况实际上十分适合开始创业。

阿什没钱，所以他全力以赴。他的生活保障非常简单，那就是和父母住在一起，所以他可以放手一搏。在这种状况下，他充满渴望、雄心勃勃。哈桑为自己争取了一段生命周期，因为他在学生时期打工攒下了一些钱，而且一直省吃俭用，再加上政府的学生生活贷款。他能够花钱学习如何创业，并且付诸实践，建立自己的公司。我们建立的都是迅速盈利的创业公司，而没有采用先占据市场再变现的策略。我们首次创立公司的时候都没有选择获取外部资金。

坐拥大量金钱，就像含着"金汤匙"出生，会令人骄傲自满，不会对赚钱和成功如饥似渴，因为你已经享受到了奢华的生活。你的所有欲望都得到了满足，难以具备前进的动力。即便你真的开始创业，可能也总是试图用钱来解决遇到的问题。比如，你可能会一开始就在营销方面挥金如土，每月花费数千美元，而不是使用创新的、通常更耗时的"人工"方法来获取"薄层式增长"。我们会在第16 章中讨论"薄层式增长"。

就我们的经验来看，资金拮据可以激发创造力、孕育智慧、产生独创性，而资金过剩则可能会导致铺张浪费，创业公司甚至会因此倒闭。俗话说得好，"需要是发明之母"。

所以，如果你觉得自己不够"幸运"，没有殷实的家境或者特殊的地位，不能轻易获取资金，无法从出租房产和股票红利中不断获得被动收入，那么你就必须在其他不公平优势上下功夫，发挥你的创造力，利用你的发散思维。我们将在第 8 章中进一步讨论如何做。

第8章 智力和洞察力

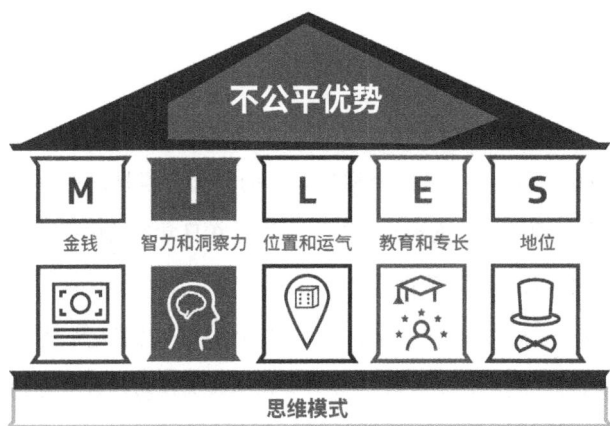

上次有人夸你聪明是什么时候？你认为自己是聪明人吗？

从小到大，人们经常会赞叹哈桑的聪慧。尽管他经常不做作业，但是依旧在学业方面表现良好，学习时好奇心强，能够准确地理解各种概念和想法。

本书的另一位作者阿什说，若论才智，自己绝非出类拔萃，反倒是从小自己身边就不乏聪明的朋友。他的这些朋友经常说阿什好比把他们凝聚在一起的黏合剂。在后来的生活中，他意识到自己拥有较高的社交智力。在智力方面，他的另外一个优势是创造力——阿什总会思考如何以创新的方式解决问题。

这些都是不同种类的聪明才智，但是我们把它们归入了"智力"这种不公平优势。

智力

乍看之下，智力是一个相当简单的概念。但是，一旦深入研究，就会发现很难精准地定义智力。不过在日常生活中，当夸某人"聪明"时，我们很清楚自己表达的意思。

实际上，智力存在多个维度。我们将按照以下几个类别进行介绍：智商、书本智力、社会智力（我们认为这包括社交和情感智力），以及创新智力（或者说创造力）。

随后，我们会讨论洞察力。洞察力实际上是一种层次更深、更加具体的智力。它能够让我们从独特的视角理解事物。对于创始人来说，洞察力尤为重要。

通过研究智力和洞察力，我们可以看到对于作为创始人的你和生活中的你来说，它们如何转化为不公平优势。

智商

谈论智力的时候，"智商"是无法避开的词。可能这也是大家脑海中率先浮现的内容。智商测试作为测试人类智力的方法已经存在了一个多世纪：阿尔伯特·爱因斯坦和斯蒂芬·霍金的智商都高达 160，表明他们智力超群。

但是一个始终存在的问题是：智商真的重要吗？

简单的答案是"重要"。很多众所周知的研究表明，如果以传统的标准衡量人生成功与否，比如学业成就和挣钱多少等，那么智商测试中得分较高的儿童总体来讲表现更好。这些孩子身体更健康，寿命也更长。

但是如果详细说来，答案会相对复杂。关于智力，特别是智商的话题，长期以来备受争议，因为对于究竟什么是智力，其实大家并没有达成普遍共识。智力可以表现为各种各样的能力。很难将这些能力组合起来，形成一个全面的测量体系。这表明我们永远无法真正测量出人的智力。

因此，我们可以在社会上看到诸多高智商与成功之间存在关联的例子，但是这些信息实际上对我们个人并无用处。这就是为什么前面提到的智商测试中得分较高的儿童表现较好的研究中，结论的措辞是"总体来讲"。这一点非常重要。智商的高低并不能直接决定生活的好坏。举例来说，克里斯托弗·兰根（Christopher Langan）被认为是世界上最聪明的人之一。虽然智商超过 190，但他一生中大部分时间从事的是体力活儿和保安工作。这与人们的预期大相径庭。

最重要的是，传统的智商测试实际上并不能衡量情感和社交方面的智力，也没有考虑到自我意识或创造力。

因此，虽然从整个社会来看，智商高低对于生活好坏来说确实具备一定的预测作用，所以可以用于制定相关政策，但是在个人层面，智商的用处并不大。实际上，心理学家李惠安（Angela Lee Duckworth）在 2011 年进行了一项荟萃分析，结果表明，接受测试的动机会影响智商测试的分数：如果向参与者承诺假如他们得到高分，可以获得现金奖励，那么参与者的平均得分会高出 20 分！这表明以这种笼统的方式来衡量智力存在很多缺陷，而且我们也不推荐以这样的方式"评"自己。

高智商是一种不公平优势吗？是。

在追求成功的时候，我们是不是应该关注智商因素？不。

为什么呢？这是因为，虽然大多数专家认为智力是可以提高的，但是大家普遍认为智商作为一种衡量标准并不可控。而且如前所述，对于什么是智力，大家并没有达成普遍共识。

你需要知道的是，在创业中真正可用的优势基本来自智商测试没有覆盖的内容，比如社交智力和情感智力、创新智力和自我意识。商场不是考场，创业是一个过程，商业成功的关键主要在于人际关系，在于为其他人增加价值，还在于组建团队开展工作。

你的人生并不是由智商得分来定义的，它只是一个数字。如果你从来没有做过智商测试，这很正常，也无须去做。我们需要知道另外一个广受心理学家认可的概念：相信你可以变得更加聪明确实可以让你更加聪明。

书本智力

我们所说的"书本智力"是指对于理论的理解能力。这也是一种学习风格——有些人喜欢通过书本和正规教育进行学习和增长知识。这种类型的智力可以提供概念框架，我们可以将其作为理解世界的工具。

根据自己在学校和考试中的表现，你可能已经对自己的"书本智力"水平有了认识。这些考试测试了你在吸收大量信息方面的能力。但是，不要因为小时候学习表现不佳或者在学校里成绩平平，便认为自己"书本智力"平平。你可能在人生旅程中逐渐发现和提升自己的书本智力，因为你需要自我引导来实现这一过程。

比如，阿什在学校成绩不佳，但是读起非文学类的书，他总是废寝忘食。他对这些内容颇感兴趣，所以学起来得心应手。他可以仅凭借阅图书馆的相关书籍自学编程，很快擅长编程就成了他的不公平优势。究其原因，阿什是"刨根问底型"学习者。学习的时候，他需要知道自己为什么学习，以及这种学习如何能够帮助他实现某个实际的目标。对于学校的课堂学习，像阿什这样的"刨根问底型"

学习者往往表现不佳。在学校，对于"为什么学"这个问题，答案通常比较简单：因为"考试会考"。（要了解更多关于学习的内容，可以参见第 10 章。）

你是否留意到，班里最聪明的孩子离开校园后似乎并没有那么成功？同学聚会的时候，你可能会发现他们的经济状况并没有大家期望的那么好，或者即便他们在经济上非常成功，工作也没法给他们满足感。他们时常谈论想换一份工作。

如果你喜欢从书本上学习知识，发现无须自己动手实践便能轻松、迅速地掌握书本上的各种概念，那么你已经拥有了一个非常实用的不公平优势——书本包含人类在漫漫历史长河中积累的所有知识，你可以通过阅读汲取这座取之不尽、用之不竭的知识宝库。同样，在创业的时候，如果对方看到你的个人介绍中有各种学位证书，那么这绝对不是坏事（虽然这并非必要条件）。

同样，切记考试成绩无法主宰我们未来成功与否。

科利森兄弟——支付方案提供公司 Stripe 创始人

帕特里克·科利森（Patrick Collison）和约翰·科利森（John Collison）是兄弟俩，他们作为创业公司的创始人充分利用了自己的聪明才智和书本智力，发挥了自己的不公平优势。兄弟俩在爱尔兰的一个小村庄长大，创立 Stripe 的时候分别只有 21 岁和 19 岁。Stripe 为各种公司提供在线支付解决方案。短短几年时间，这家规模不大的创业公司已经让兄弟二人跻身亿万富翁的行列，弟弟约翰更是在 2016 年摘得《福布斯》杂志评选的"最年轻的白手起家亿万富翁"的桂冠。

他们最大的不公平优势是他们难以置信的智力。

帕特里克年仅 8 岁就在爱尔兰利默里克大学（University of Limerick）学习了自己的第一门计算机课程，在 10 岁的年纪就开始学习计算机编程。16 岁时，他参加了 BT 青年科学家与科技展览（BT Young Scientist & Technology Exhibition），依靠自己发明的名为 Croma 的全新计算机编程语言震惊了所有评委。他提前一年高中毕业，直接进入美国著名学府麻省理工学院深造。

弟弟约翰以爱尔兰有史以来最高的高考成绩为自己的高中生涯画上了完美的句号。实际上，在参加高考之前，约翰就已经被哈佛大学提前录取了。

追随着比尔·盖茨和马克·扎克伯格的脚步，帕特里克和约翰虽然进入精英名校，但是分别辍学离开校园，创立了自己的公司。

值得一提的是，虽然 Stripe 是科利森兄弟创立的最知名的企业，但是实际上在创立 Stripe 之前，他们二人早已白手起家创业，并且已经跻身百万富翁行列了。二人此前创立的公司名为 Auctomatic，主要的业务是帮助 eBay 卖家管理他们的交易并使收入最大化。他们用帕特里克独创的编程语言 Croma 开发了软件，公司业务的成功让他们不满 20 岁就拥有百万身家。实际上，早在踏入大学校园之前，约翰就创立然后退出了这家创业公司，赚到了百万身家。

关于学习，约翰如是说："我有点儿像个书呆子，为了拿到高中毕业证书，我完成了很多科目的学习，其中一个原因就是我真的喜欢这些科目。大学时候也是如此，我希望把自己的学业提升到新的高度。"

约翰不仅聪慧过人、认真勤奋，而且热爱学习。巴菲特曾说过自己手舞足蹈地去上班，约翰对于学习的热爱大致类似。约翰的学习风格就是善于汲取书本中的智慧。他对于通过书本学习充满热情，而且他有着极强的上进心和进取心，希望能够学以致用。我们可以看到，虽然从大学辍学，但是他养成了学习的习惯并且利用书本上的知识创立了自己的创业公司。

兄弟二人的故事只是一个例子。这个例子告诉我们，书本智力和高智商可以让我们出人头地。但是如果你不喜欢学习，该怎么做呢？

社会智力

我们把在课堂之外学到的知识称为"社会智力"。社会智力需要通过实践积累。就社会智力而言，我们在某些方面有一定的基础"天赋"，但是要提升社会智力，最终还是要依靠我们感悟自身的生活经验或者学习他人的生活经验。

我们无时无刻不在寻觅自己的不公平优势，社会智力的前述特性对于我们来说无疑是振奋人心的好消息。社会智力可以通过自身经验培养。拥有丰富经验的朋友或者导师对于我们培养此类智力也有极大帮助，因为在我们遇到社会智力方面的问题时，他们可以帮助我们做出正确的决定。

社会智力主要指人际交往能力，人际交往能力则主要考验我们的情感智力和社交智力。无论是招募技术联合创始人，与潜在客户沟通，发掘他们的需求、不满和目标，还是电话联系供应商讨论成本，争取贷款或者投资（如果需要的话），人际交往能力在创业的每个阶段都发挥着不可或缺的作用。

许多创业公司因为创始人关系闹翻或者被投资人欺骗，与成功失之交臂。在创业实战中积累的社会智力能够有效地帮你避免这种情况，但是如果选对导师、顾问和合作伙伴，同样也能助你一臂之力，在创业伊始就能够趋利避害、一帆风顺。

情感智力至关重要，因为生意是在人与人之间做的，而作为人，我们难免被情感左右，其影响甚至超过理性逻辑。如果你能读懂、理解并且以积极的方式影响对方的情感，那么影响、说服对方也就顺理成章。这是你吸引联合创始人、导师、投资人和员工为你投身事业的方式。这是你实现加薪的途径，也是你与客户建立人际关系时应该遵循的准则。情感智力是成功之钥。

社会智力由以下三个要素组成。

1. 社交和情感智力

知道哪些问题该问，知道如何提出这些问题能够得到自己想要的答案，以此建立信任、关系以及自信。

2. 常识

知道你可以信任谁，你应该接近谁，并对不同的趋势和对不同情况的需求有所了解。

3. 拆穿假话的能力

知道他人何时试图欺骗你，看穿他们的企图，了解背后的动机。

尼古拉·特斯拉——社会智力不足的例子

1856 年，尼古拉·特斯拉（Nikola Tesla）出生于一个小村庄，该地现属克罗地亚。他天资聪慧，甚至可以熟练地心算高等微积分。他的老师对此惊讶不已，甚至一度以为他在作弊。物理老师的电学实验演示令特斯拉着迷，也让他一生致力于电学发明，努力驾驭这股神奇的力量。

我们需要感谢特斯拉本人和他的才能，是他将安全、廉价的电力送入了千家万户，还为我们带来了无线电、机器人、遥控器，以及其他诸多发明。

然而，特斯拉的命运非常凄惨。他去世的时候身无分文，其中一个原因就是他在商业和社交方面过于幼稚，社会智力不足。举例来说，托马斯·爱迪生（Thomas Edison）承诺如果特斯拉能重新设计电动机和发电机，使二者更加安全、高效，便会给他 5 万美元。几个月后，特斯拉研制出了由交流电驱动的感应电动机，并且该电动机运转良好。然而，当他向爱迪生索要酬劳的时候，爱迪生断然拒绝。坊间流传他当时打趣地说道："特斯拉，你完全不懂我们美国人的幽默。"

尼古拉·特斯拉的例子向我们充分证明了社会智力对于商业成功极为重要——出众的人际交往能力比聪慧过人更重要。

虽然从经济角度来看，尼古拉·特斯拉没有什么遗产，但是他留下的知识遗产非常丰富。埃隆·马斯克正是在他的启发下命名了自己的电动汽车公司：特斯拉。（当然，从统计学角度讲，马斯克的智力也属于离群值。）

创新智力

对于创业公司的创始人来说，最后一种可以作为不公平优势的智力就是创新智力，或者说创造力。

虽然"创造力"总是被神秘色彩所笼罩，但是它绝非某种与生俱来、无法习得的能力。我们不仅可以从画家和诗人的作品中感受到创造力，更能够在日常生活和商业环境中发挥创造力——将分散在不同领域中的"点"联系起来，提出独特的解决方案。发挥创造力重在训练自己的思维，让自己能够将某个领域中掌握的内容与看似不相关的情况联系起来。这就是所谓的交叉思维或者跨学科思维。

非同一般的创造力是产生突破性想法的关键，而且在寻找创业公司的发展方法（比如达到"黑客式增长"）方面也非常有价值。这是阿什的主要优势，也是他成功的主要动力之一。

创造力绝不是神秘莫测的天赋，你不一定会经历灵光一现的顿悟时刻。每个人都有创造力，这是一种可以通过有意识地培养而习得的技能。增加跨学科知识可以有效提升创造力：学习那些与我们现有知识属于完全不同学科、领域或者行业的知识。这样一来，我们不仅可以积累大量知识，也能培养更加包容的心智模式，拓展思维的宽度。

大家可能都听说过，史蒂夫·乔布斯（Steve Jobs）因为选择从大学辍学，躲过了很多必修课，所以有机会选修了一门书法课，并且学到了如何设计漂亮美观、比例适当、间距合理的字母和字体。

在随后的创业过程中，乔布斯和苹果公司的众多设计师共同开发了 Mac 计算机。它的字体设计出众、美观优雅，颠覆了当时的个人计算机市场，也让苹果遥遥领先主要竞争对手微软。在这样的成功背后，乔布斯的书法知识有一份功劳。

过去的企业将注意力主要集中在工厂车间，希望实现细微的技术改进、各种成本的节约以及经济效率的提升。但是未来的企业要关注眼下的工作方式，并且思考如何革新。在当今社会，创造力的地位愈发重要，机器和人工智能在创造力方面与人类的大脑无法相提并论。因此，无论对于企业还是个人，创造力都将继续成为一项巨大的不公平优势。

洞察力

智力过人固然是好事。聪慧过人，博览群书，能够学会察言观色，时常与人交际，可以将自己对于某个学科的理解迁移到另外一个学科之中，从而建立优势。我们此前提到的这些能力都会助力创业公司的发展，甚至可能是你创业的初始动力。但是，为了让想法变为现实，我们还需要具备独特的洞察力。

所谓洞察力，实际是透过现象看本质的能力，是先于他人洞悉事态的能力。可能因为独特的生活背景，你对某个市场有着敏锐的洞察力；或者因为已经对某种产品进行了长期的研究，能够看到其走向，所以你能够把握这种产品和类似产品的未来趋势。

举例来说，因为具备洞察力，所以哈桑发现，传统的企业主或者创业者不知道如何在网上推销自己，也不知道如何通过互联网获得更多的客户。正是看到了在这个科技日新月异的时代，人们需要不断提升自身技能，而在小型学习小组中向专家从业者学习效果最好，哈桑才成立了相关的创业公司。

对于创业公司的创始人来说，洞察力的重要性毋庸置疑，只不过每个人所针对的领域不同而已。在某方面具备洞察力意味着能够发现某种需求和市场空白，或者可以解决的不便之处，了解市场上缺乏哪些产品和服务，或者现有的产品和服务存在哪些缺陷。换句话说，你可以利用洞察力找到真正需要解决的问题。

我们要在研究有待解决的问题上多花费些时间，而不是把精力放在问题的解决方案上。彻底地理解你要解决的问题本身就需要敏锐的洞察力。这也是投资人所看重的品质。

保罗·格雷厄姆是投资人、创业主题文章的撰稿人，同时还是美国著名创业孵化器 Y Combinator 的联合创始人。对于洞察力的重要性，他这样说道：

对于创业者的想法，我们看重的并非它们针对哪个行业，而是它们在洞察力方面的深度。对于软件行业来说，创业者常犯的错误就是向投资人表明自己给出的解决方案的独特之处在于其设计精巧、易于使用。这并不代表你具备了洞察力，换做其他人设计，可能也会努力做到这一点。你必须更具体地说明，到底会采取哪些具体措施让软件更易于使用？这些措施是否足够？

这个道理不仅适用于计算机软件或者应用程序，而且适用于其他产品或者服务。

还记得阿什的故事吗？他在自己的售鞋网站上处理支付、接受付款时遇到了各种困难。科利森兄弟恰恰具备这样的洞察力，他们让网站的建设者和手机应用的开发者可以轻松、方便地将他们的支付系统（Stripe）插入网站和应用中。他们的支付系统使用方便，只需 7 行代码便可插入。这样的便捷服务让公司的估值超过 200 亿美元。这与他们彼时的竞争对手 PayPal 形成鲜明对比。作为主流的支付平台，那时的 PayPal 已经盛名在外，它主要关注的是客户的需求，而科利森兄弟具备的洞察力让 Stripe 更关注开发者的需求。

乔布斯具备的洞察力帮助他将优雅的设计思维融入苹果的所有产品之中。

贝索斯具备的洞察力让他很早就意识到互联网将永远改变零售业。

想获得洞察力，最主要的方式就是与潜在客户沟通。就是这么简单。

如果你的创业构想针对的是用户而非客户，那么你就该关注用户。如果你的盈利模式是以用户的关注换取广告收入，那么他们的关注本质上就是你卖给广告商的产品（这恰恰是脸书和谷歌的盈利模式）。

如果你自己就是目标客户，那就更好了。你可以深入地了解客户的体验。因为有亲身经历，所以你能够更准确地理解需要解决的问题。尽管如此，你仍然需要与面临相同问题的客户沟通，因为你不能假设别人与你的经历完全一致。

我们只有具备行业工作经历，才能获得宝贵的洞察力，看到痛点，发现工作中哪些环节效率较低，然后设计更好的产品或者流程来解决问题。这就是为什么行业专长如此宝贵。如果你在人力资源部门工作，看到某个人工流程可以自动化，那么这个人工流程就是可以通过技术解决的不便之处或者问题。

特里斯坦·沃克——充分发挥洞察力

"我在纽约的皇后区长大，童年没什么过人之处。但是我非常幸运，得到了属于自己的机会。"特里斯坦·沃克在一次电台采访中这样介绍自己。

"你为什么会觉得自己非常幸运？在创业之前，你是否已经有了行动方案，然后努力工作？"节目主持人问道。

"没错，我付出了努力，"沃克回答说，"但是我很清楚，我是在正确的时间，出现在了正确的地方。我很庆幸自己身边有一群支持我的人，他们的支持恰到好处，我非常感激。"

特里斯坦·沃克是 Walker & Company 的创始人，该美容品牌主要帮助有色人种解决剃须脱毛护理和毛发倒生的问题。创业 5 年后，该公司被此前已经收购了吉列（Gillette）的宝洁公司（Procter & Gamble）收购，收购的具体金额并未对外透露，据估计在 2000 万至 4000 万美元。沃克继续担任公司首席执行官。

沃克在单亲家庭中长大。母亲带着他住在皇后区的经济适用房里，父亲在他年仅 3 岁的时候不幸遭枪杀。母亲需要打 3 份工才能养活家里的几个孩子。沃克从小就梦想能够摆脱这种困苦境遇。

那时媒体报道的非洲裔英雄和榜样基本上都是音乐家、艺人和体育明星，所以沃克立志成为运动员，但是最终未能如愿进入职业篮球队。幸运的是，沃克的学习成绩优异。恰好有次比赛，他所在的公立（州立）学校对阵一家寄宿制私立名校。一位教练建议他申请对方学校的奖学金，前去就读。

这个建议非常重要：沃克在考试中取得了优异的成绩，并选择了前面提到的私立名校——康涅狄格州的霍奇基斯中学。这所学校是美国最好的中学之一。沃克说在霍奇基斯中学住校的 4 年里，他的人生发生了翻天覆地的变化。

沃克随后进入大学就读。他表现优异，以全班第一的成绩毕业，并在"教育机会赞助人"（Sponsors for Educational Opportunity）组织的帮助下获得了在华尔街工作的机会。该组织是一个全球性的非营利组织，为弱势青年群体提供最佳的受教育机会和就业机会，并帮助他们提高成功求学和成才的概率。

沃克表示自己对于发财致富有着强烈的愿望和动力。实际上，这也是他在中学耳濡目染的结果。致富不只是赚快钱，不只是发财，而是变得特别有钱，甚至成为富豪，为此后的几代人打下基础。他希望自己能尽快实现这个目标。

他找了一份不错的工作，但是 2008 年的经济衰退使其失业。梦想成为职业球员未能成功，在华尔街的工作也以失业收场。他只剩下一个想法：创业。

因此，沃克前往斯坦福大学读书。该校位于硅谷的核心地带，与硅谷的关系极为密切。来到这里后，他才"发现"有硅谷这样一个地方。像他这样的孩子，在成长过程中并不知道硅谷的存在。在硅谷，他看到其他 24 岁的年轻人已经是百万富翁。这就是他的顿悟时刻。

那时 Twitter 刚刚起步。因为目睹了这家公司产生的影响，所以沃克进入 Twitter 实习。那时，全公司只有 20

名员工。这段经历让他接触到了创业公司的世界并对创业领域有了深刻的见解。

然后他注意到了 Foursquare，一个基于用户地理位置的应用程序。那时，这个应用程序刚刚开始吸引用户。他联系了公司的首席执行官。对方回复了沃克，虽然只是对他的求职表现出了一丝兴趣，但是沃克表现得非常主动，他马上搭乘飞机前往公司位于纽约的总部应聘，最终成功进入该公司就职。

沃克担任 Foursquare 的业务发展总监，也是该公司的第一位雇员。

在 Foursquare，沃克锻炼了自己的从商技能和销售技能，随后又作为驻场企业家[1]入职传奇风险投资公司安德森–霍罗威茨基金（Andreessen Horowitz）。这家公司是全球最著名、最具影响力的风险投资公司之一。不仅如此，沃克还得到了公司合伙人之一霍罗威茨的指导。

沃克在安德森–霍罗威茨基金待了 9 个月，希望思索出前景广阔的创业点子。他选择的切入点包括解决肥胖问题、银行业务问题，以及货运问题等。

1　传统意义上，驻场企业家（entrepreneur-in-residence）是风险投资公司的一个职位。驻场企业家一般是拥有丰富创业经验的连续创业者或者富有高层管理经验的企业家，风险投资公司愿意资助其创业。——译者注

沃克的公司的与众不同之处是其核心业务，而该核心业务正是建立在他最重要的洞察力之上的。这种洞察力源自他本人的身份。作为非洲裔美国人，沃克每天都要应对剃须脱毛护理和毛发倒生的问题。他意识到对于像他这样毛发粗硬、卷曲的用户，各类公司的现有产品无法满足使用需求。

这就是沃克的顿悟时刻。这就是他的创业点子和独特的洞察力。

沃克的不公平优势在于，他就是自己的目标客户。因为解决的是他自己面对的问题，所以他对客户群的痛点有着敏锐的洞察力。这就是他大获成功的原因。

Deliveroo——通过实干获得洞察力

特里斯坦·沃克的例子证明了想出点子"自挠其痒"，即自己解决自己面对的问题，可以打开通向成功的大门。如果你自身并不属于目标人群，其实依旧可以为客户解决问题，前提是你需要花费大量时间与目标人群沟通，收集有用的信息，了解他们害怕什么或者对哪些内容感到失望，了解他们的痛点、梦想、欲望以及愿望。

许子祥（Will Shu）是英国美食外卖服务平台 Deliveroo 的创始人。在创业初期，他可以算是自己的目标客户。尽管如此，他仍然深刻地认识到作为创业者，自己必须深入挖掘，了解所有客户面临的问题。

许子祥此前是纽约摩根士丹利（Morgan Stanley）的一名银行家。他每周需要工作100小时，所以习惯了点外卖，然后在办公室用餐。后来他被调到伦敦，他发现与纽约相比，作为英国首都的伦敦的送餐服务要落后很多。当时没有公司能够提供方便、快速、全面的送餐服务。之所以能洞察到这一点，是因为他经常在办公室长时间工作，且体验了不同城市的送餐服务。这让他有了独特的视角。然而，许子祥还具有更深刻的洞察力——这种洞察力是他靠努力工作换来的。

创立 Deliveroo 之后，许子祥决定亲自上阵，骑着自行车到处送外卖，每天工作8小时，一周工作7天。公司成立之初，他这样坚持了9个月。对于这些可以轻易雇人完成的事情，大部分有钱的创始人绝不会亲自出马。然而，许子祥希望亲身了解食品配送物流。他不仅深入了解了自己公司的送餐员所面临的挑战，还从餐馆和其他公司的送餐员那里收集到了宝贵的信息。因为这些人都不知道他是公司的创始人兼首席执行官，所以这个过程类似于综艺节目《卧底老板》。最关键的是，他直接从客户身上获得了许多深刻见地。他可以看到全流程中可能出现的障碍和困难。鲜有企业家愿意这么做：撸起袖子奋战在第一线。

Deliveroo 创立之初，许子祥的前同事经常使用，他们纯粹是想看看从前还是银行家的许子祥如何沦落到当送餐小哥。有次许子祥给位于骑士桥（Knightsbridge）的一栋豪宅里的住户送餐，住户看到他之后无比震惊，因为对方认出了他们曾在银行一起共事，以为许子祥处境艰难。

实际上，许子祥本人和公司的目标客户相差无几，但是即便如此，他也必须要亲身体验，才能全面洞察整个行业。如果你计划创业，但是目标客户的情况与你自己天差地别，那么搜集信息最好的办法就是亲自去和客户进行沟通。

将智力和洞察力作为你的不公平优势

和金钱这项不公平优势一样，你可能已经很清楚自己的智力是否高于平均水平，尤其是"书本智力"。在日常生活中，你可能会听到别人夸赞你聪明，这是因为你在考试中总能取得优异的成绩。如果你担心自己在这方面有所欠缺，那么实际上你遇到的问题可能主要来自于教育和专长（详见第 10 章）或者缺乏自信。自信属于地位的范畴，我们会在第 11 章中谈到。无论是谁，都可以通过加大阅读量，磨炼技能，增强自信来解决这些问题。

然而，对于社会智力（包括社交和情感智力）和创造力，生活中便没有那么多人给予我们反馈了，所以我们不太确定自己具备这方面的能力。对于大多数人来说的确如此，因为各级学校几乎不会对这方面的智力进行评估。

我们必须自己进行评估或者询问亲朋好友的反馈。你可以思考下列问题：

- 你与他人合作的能力如何？
- 你的人际关系如何？
- 你是否让身边的人发现了他们更好的一面？
- 你是否能正确认识自己的情绪？
- 你是否能仅凭直觉便洞悉别人的意图？换句话说，你是否能经常察觉对方的恶意？

这些问题可以帮助你了解自己的情况。如果想更进一步，可以选择在线人格测试，比如第 5 章提到的"大五"人格测试，或者迈尔斯－布里格斯性格评估法，了解你在社交智力方面的水平。

如果你通过思考自己的行为、与他人交谈和评估自己的性格，判断自己不是特别"擅长人际交往"的人，请不要惊慌。正如我们此前所说的，你可以考虑找一个与你互补的联合创始人——一个热衷团队工作、擅长人际交往、特别善解人意的人。而且，现在已经有许多相关的管理课程和书，比如戴尔·卡耐基（Dale Carnegie）的知名著作《人性的弱点》，它们都可以帮助你改善人际关系。其实，即便是考虑到这方面的问题，也会让你提升相关意识，都可能在一定程度上改善你的人际关系。

在创造力和洞察力这两个方面，我们需要审视自己是否善于提出创造性的解决方案。你能否从容迎接挑战，面对困惑，并且乐于解决问题？对于周遭环境、身边的人及其感受，你是否具有敏锐的观察力和强烈的好奇心？你是不是一位有心人，能够留意到自己在日常生活中遇到的不便和问题？你是否考虑过如何解决所遇到的问题？

总体来说，要提升智力和洞察力，我们必须做到以下几点。

1. 培养好奇心。

2. 多问问题。

3. 多做试验。

4. 关心他人的感受和事物对他们情感的影响。

5. 做个有心人，留意他人谈到的哪些事情做起来很麻烦或者不方便，做好积累。这将成为洞察力的富矿（我们将在第14章中深入讨论这一内容）。

6. 掌控自己的情绪和心情，确保自己的言行不受它们左右。

智力和洞察力是一把双刃剑

像所有不公平优势一样，智力和洞察力也是一把双刃剑。即便你智力平平或者说在大家普遍认可的"智力"方面资质一般，这也会让你更喜欢雇用那些"聪明人"或者将工作外包给他们，可以让你更喜欢提出问题，倾听他人的答案，愿意找到可以指导或者帮助你的专家或者从业者。虽然论及智力和洞察力，你可能并不出众，但是只要有必要的团队建设技巧，就可以达到同样的效果。理查德·布兰森（Richard Branson）认为这就是自己的成功之道。布兰森在学校的时候表现得非常糟糕，后来他才知道原来原因是自己有阅读障碍。因此，他在小小年纪就知道把任务交给那些比他"聪明"的人去完成。在这个过程中，他将自己的管理能力和人际交往能力锻炼得炉火纯青。

在某些情况下，高智商也会成为成功的障碍。为什么？因为聪明人可以预见所有障碍和困难，他们可能会看到通往未来的数十条道路并且洞悉所有道路都存在这样或者那样的问题。许多创始人会说，如果有先见之明，知道一路走来困难重重，那么他们断然不会投身创业。但是回首过往，他们还是很高兴自己冒险一试。要想成为创业公司的创始人，我们需要一点天真的乐观主义。

同样，纯粹基于亲身经历的"深刻洞察力"，即我们前面所说的"自挠其痒"，可能充满了误解和偏见，因为可能只有少数人与你一样遇到了相同的问题。因此，如果不进行实地验证，可能到头来你花费大量时间和金钱解决的问题对于大多数人来说根本不是问题。用它作为创业点子毫无价值。我们必须亲自体验，在实际工作中培养洞察力。

第9章 位置和运气

"想要获取非比寻常的成功，需要两个条件：第一，天时地利；第二，利用好第一个条件。"

——麦当劳之父雷·克罗克（Ray Kroc）

你为什么选择了本书？大概纯属偶然发现。本书的两位作者并没有共同的朋友。我们未曾在同一家公司工作过，也不是彼此的客户。我们遇见彼此和你拿起本书阅读的原因一样，完全是一种偶然。两位作者相识于一个商务晚宴。恰好我们坐在一起，但都不太习惯这样的场合。桌上的牛排价格高得离谱，席间我们拿它开起了玩笑。

活动结束以后，我们发现我们恰好住在伦敦的同一个区。因此，哈桑前往阿什的办公室拜访，自此我们二人建立了友谊，并且结为投资伙伴。最终我们二人决定写作本书，现在它就在你的手中。

机缘巧合非常重要。位置和运气意味着天时地利，即在正确的时间出现在正确的位置。

先来说说位置，因为出现在正确的位置会增加我们遇到好运气的机会。

位置

乍看之下，位置似乎并不重要，但是实则意义非凡。众所周知，在房地产业中，最重要的三个因素就是：位置、位置、位置。其实对于个人和公司来说，也是如此。

阿什是从伯明翰搬来伦敦的，否则他便没有机会加入 Just Eat。

而哈桑的父母带着他从巴格达搬来了伦敦。如果他们留在巴格达，那么谁也不知道哈桑的生活会变成什么样子。巴菲特说过，自己出生在美国就像中了"卵巢彩票"。这些都是位置和运气因素。

说到做生意，想必大家会兴趣盎然地观察商业街上的哪些店铺生意兴隆、哪些关张倒闭。想想这么多年来，各种店铺开了又关、关了又开，似乎在某些位置的买卖就是不好，无论店铺经营何种生意，始终无法持久。

但是，位置本身是否对店铺有如此大的影响力，还是说这一切其实只与店铺本身的好坏有关？

如果你将高档服饰店开到荒郊野外，那么销售额肯定不会太高。如果你把健身房开到交通不便的地方，那么很难吸引很多客户。

显而易见，如果实体店开在糟糕的位置，那么客户很难在偶然之间发现你的店铺，或者前往店内使用你的设施。

城市里总是有购物中心或者购物街这样的地方，大量店铺汇集在一处，经营业务相同，彼此竞争。美食街和酒吧街也是一样，类似的店铺聚集一处。世界各地都有唐人街，为什么星罗棋布的中餐馆要在弹丸之地上相互竞争呢？

显然，在这种竞争激烈的地方开设店铺的好处远超竞争或者成本增加造成的负面影响。这种现象在经济学中被称为"集群"，即企业倾向于向某一特定地区聚集。

问题在于：为什么会出现集群现象？为什么即便要面对直接竞争对手，即便企业的客户并不一定是企业所在地附近的群体，企业也要聚集在一起？

让我们来看一些例子。

好莱坞、宝莱坞、萨维尔街[1]、华尔街、伦敦金融城、舰队街[2]、哈利街[3]、硅谷、硅环岛[4]和沙山路[5]。

所有这些地名有什么共同点？

它们不仅是地名，更是一种象征：它们俨然已经成为聚集在当地的行业的代名词。好莱坞和宝莱坞代表电影业，萨维尔街代表高端定制西服，华尔街和伦敦金融城代表银行业和金融业，舰队街代表媒体（不过 20 世纪 80 年代以来，大多数报纸已经搬离该地），哈利街代表知名医生和顶级咨询顾问，硅谷和硅环岛（官方称之为伦敦科技城）代表科技公司，硅谷的沙山路则是风险资本家的代名词。

但是，公司选址在竞争较少的地方不是更好吗？

有时，竞争并不是公司唯一需要考虑的因素。我们选取硅谷这个集群现象最为突出的例子详细讨论。毋庸置疑，它是世界上的创业公司聚集地之王。

1　伦敦街道名，以传统的男士定制服装而闻名。——译者注

2　伦敦街道名。一直到 20 世纪 80 年代，舰队街都是传统上英国媒体的总部，因此被称为英国报纸的老家。——译者注

3　伦敦街道名，这里是伦敦最负盛名的高质量私人诊所中心聚集地。——译者注

4　伦敦地名，这里是东伦敦科技城的核心地区，也是诸多科技公司和创业公司的大本营。——译者注

5　美国地名，位于硅谷，上百家如雷贯耳的风险投资公司在这里汇集。——译者注

硅谷的故事

硅谷位于美国加利福尼亚州北部，地理面积并不大，但是世界上价值最高的 5 家公司中有 3 家公司将总部设在这里。它们是谷歌、苹果和脸书[1]。另外，这里还聚集着数以万计的创业公司。几十年来，硅谷一直是建立科技型创业公司的理想之选。"硅谷"这个名字的由来就与高科技公司息息相关，"硅"最初就是指当地聚集了大量的硅芯片制造商和从事相关产业创新的人员。现在选择在硅谷创业的公司已经不仅限于科技公司了。

硅谷是如何崛起的呢？个人可以通过积累不公平优势而获取成功，硅谷的崛起与之类似，最初科技型创业公司汇集于此也是各种因素合力作用的结果。首先是地理因素。硅谷临近旧金山港，所以它成为美国海军基地，还有用于研究的军用机场。许多为美国海军服务的科技型创业公司逐渐在该地安家。顺便说一下，这要追溯到 20 世纪 30 年代，当时一台计算机的体积有一个房间那么大。美国国家航空航天局（NASA）后来迁入该地区，再一次增加了当地研究人员、技术专家和工程师（主要涉及航空航天工业）的数量。

位于硅谷的研究型大学中，多所学校在 STEM 学科（科学、技术、工程和数学）方面属于世界顶尖水平，其中斯坦福大学为硅谷提供了大量高技能毕业生。但在那时，还是会有大量人才前往外地

---

1 现已改名为 Meta。——译者注

谋职。弗雷德里克·特曼（Frederick Terman）是斯坦福大学的一位教授，他希望在该地区创造足够多的就业机会，这样毕业生就能在当地落地生根。最终，他说服了斯坦福大学把学校新近获得的土地租给科技型创业公司，而且他还说服了自己的弟子威廉·休利特（William Hewlett）和戴维·帕卡德（David Packard）在当地建立创业公司。你大概听说过他们的公司：休利特－帕卡德（Hewlett-Packard），现在简称 HP，即惠普公司。

硅谷的崛起还有很多其他偶然因素：美国人威廉·肖克利（William Shockley）出生在英国伦敦，他的创新对世界有着重大影响。20 世纪 50 年代，他为了照顾生病的母亲，跨越千里把自己的半导体公司从美国东海岸的新泽西州搬到了位于加利福尼亚州的硅谷。肖克利在半导体方面取得了突破性的创新，刺激了科技的进一步发展。

越来越多的创新型高科技创业公司聚集在斯坦福大学周围，在 20 世纪 70 年代推动了整个高科技企业生态系统的发展。克莱纳－珀金斯（Kleiner Perkins）基金和红杉资本（Sequoia Capital）这样的风险投资机构开始在沙山路设立办公室，为后来的创业公司提供了充足的资金。1980 年，苹果公司首次公开募股总额达到惊人的 13 亿美元。自此，愿意投资科技公司的风险投资资金急剧增加。

充足的资金和人才，再加上所谓"知识溢出"效应在硅谷地区营造了完美的创业生态，这一切掀起了创业浪潮，也使得该地区成为创业摇篮中的佼佼者。"知识溢出"是指信息、知识和见解如何在毗邻的不同公司之间以非正式的途径传播。这种传播途径都是我们日常生活中常见的关系，比如分属不同公司的两人是朋友或者室友，或者一个公司的员工离职后加入了另外一家公司，从而使得不同公司的技术、商业见解和创新实践得以分享。

在创业生态系统方面，硅谷相较世界其他区域具有巨大优势，从中我们恰恰可以看到不公平优势如何积累并且最终创造良性循环（正反馈循环）。它不仅保持增长，而且不断加速。2017 年，美国所有风险投资近 45% 投向了硅谷这片不大的土地。

除了硅谷，美国的波士顿、西雅图、纽约和奥斯汀也存在这种集群现象，而且集群现象并非美国所独有。

创业公司集群

英国有伦敦的硅环岛、剑桥的硅沼（Silicon Fen，人们有时候称之为"剑桥集群"）、牛津的科学园（Oxford Science Park），以及包括曼彻斯特、爱丁堡和布里斯托尔在内的其他创业中心。与美国的情况类似，这些创业中心都以顶尖高校为依托，有着充足的人才和资金。

为了说明像伦敦这样的科技中心的活跃度远高于英国的其他地区，英国政府机构伦敦发展促进署（London & Partners）最近公布了一项研究的结果。2018 年，英国科技业获得的资金中，72% 注入到了伦敦的新兴企业中。

如今，此类高科技创业中心遍布全球。柏林、班加罗尔、北京、深圳和新加坡都是这样的城市。（印度尼西亚是一个非常有趣的国度，它既有像雅加达、万隆、日惹这样的创业中心，又有非常有名的"数字游民"聚集地巴厘岛。在这里，创业者的工作地点是海边酒吧。他们一边吹着海风，一边在笔记本计算机上惬意地工作。）

无论是对于个人还是对于公司而言，处于这些知名创业中心本身就是一种不公平优势，可以方便地接触到投资人，轻松地获得高技能劳动力、洞察力和专业知识（即便是想在巴厘岛享受美丽的阳光、大海和沙滩，价格也要便宜很多）。在这些地方，相关的基础设施非常完备，比如高速互联网。

但是，这种集群效应不会永远持续下去。就硅谷而言，随着越来越多的公司涌入，当地的工资水平不断提升，生活成本也直线上升。这迫使很多刚刚成立的公司迁往外地，比如得克萨斯州的奥斯汀。

伦敦的硅环岛也面临相同的情况，当地霍克斯顿、老街环岛）、肖迪奇等此前房租相对较低的地区如今租金飙升。

这些创业中心的崛起是顶尖 STEM 学科大学和商学院助力的结果，当然更是聚集在这里的志同道合的创业者努力的结果。他们希望通过深入探索问题并找到解决方案成为百万富翁，而且对此深信不疑。

位置决定你所处的氛围与环境。有这样一种说法：我们的水平是与我们相处时间最长的 5 个人的平均水平。因此，如果我们身边的人不仅锐意创新、敢于创业，而且雄心勃勃、勤奋工作，那么显然我们也会为之感染，在抱负、态度和效率等方面受到积极影响。在访问硅谷期间，硅谷创业者的高瞻远瞩给我们留下了极为深刻的印象。与世界上其他地方的创业者相比，他们更有信心、更具雄心。在这些创业中心，还有许多相关的活动和聚会，当地创业者从中受益良多。

此外，所谓"位置"，不一定是实际存在的地点。位置还可以是你所处的环境。在虚拟空间中，我们拥有更强的掌控力，可以选择社交媒体上关注和添加好友的对象，可以选择我们接收的内容，所以可以主动营造和设计我们所处的环境。我们可以在身边聚集利于我们创业的人选，加入一些创业群，结识创业界的大师，这是创业路上极具价值的条件。

人类是社会性动物，环境对我们有很大影响。最能够加速个人成长和发展的诀窍或者捷径就是选择正确的社交对象。因此，即便你计划建立的公司并不依赖本地客户群，但是在为公司选址的时候也要考虑位置因素。

作为创始人，把创业公司迁至硅谷、伦敦或者班加罗尔这样的地方都将对你的员工、你个人的眼界和你获取资金的途径产生积极影响。此外，选择声名显赫的位置作为公司地址还有其他好处。位置可以是地位的标志，因为选址在某些地区（通常是那些地价高企的地方）就代表着一种声望。如果你说你的电影拍摄于好莱坞，那么大家可能会对你肃然起敬。对于医生来说，在伦敦的哈利街工作，代表他们属于业界顶尖的行列，可以让患者多一分安心。别人递上名片的时候，如果发现对方的办公地点地价极高，你肯定会留下深刻印象。有个人深谙位置的重要性，并且从中获益，他就是詹姆斯·卡安（James Caan）。卡安是一位成功的创业者和投资人，还在创业投资节目《龙穴》（Dragon's Den）担任企业家评委。在创立自己的第一家公司的时候，卡安面临一个选择：应该把办公地点选在什么地方？

他没有选择租用价格较低的办公地点，而是选择了梅菲尔地区。这里是整个伦敦地价最高的地方，石油大亨和金融巨头聚集于此。卡安希望利用大家对这个地方无意识的偏见。他根本不在乎自己的办公室小到没有插足之地，每次关门都会碰到桌子，每次与潜在客户会面，都要选在别的地方。卡安知道，在这个阶段，把办公地点选在梅菲尔地区可以让别人认为公司的规模比实际规模大上许多。第一次创业的成功为他今后在商场的成功铺就了跳板。

在客户看来，卡安的办公地点很有分量，如同商业街上的名店般让人信赖。在虚拟世界中也存在这种情况吗？

没错，只不过形式不同罢了。在虚拟世界中，位置的重要性以搜索引擎排名的形式体现出来。如果你的公司在谷歌搜索结果中名列前茅，那么就能获得更多的访问者。一方面，客户普遍比较懒惰（他们不想滚动鼠标滚轮去浏览后面的搜索结果）；另一方面，你的公司出现在搜索顶部，其实暗示客户你的产品或者服务质量出众、地位不凡（也就是说，你的公司更值得信任，其他客户认为使用效果良好）。

Just Eat 刚创立时，我们的办公地点在埃奇韦尔，这里地处伦敦市郊，而大部分人才不愿意到郊区工作。后来我们搬到了硅环岛，从而吸引了大量高技能人才，他们创造的价值远远超过了增加的租金成本。

在伦敦，你可以参加各种技术大会，以及研讨会、专家咨询会等针对性强的会议，可以了解到所在领域最前沿的趋势，这是其他地方无法比拟的优势。虽然你不得不在某些方面做出妥协，比如缩小办公面积，但是如果可以更方便地接触到高层人士、顶尖人才和前沿信息，这些牺牲都是值得的。

总之，位置可以让你获得资本（投资人和风险投资公司往往聚集在创业中心）、高技能人才和其他重要资源。

胡达·卡坦——你的受众在哪里，你就该在哪里

胡达·卡坦是胡达美容公司的创始人，该公司的估值已经达到 10 亿美元，胡达的个人财富约为 5 亿美元。2017 年，她把公司的少量股权出售给了一家私募股权公司，由此成为第一位吸引到私募股权公司投资的社交媒体美妆博主。

胡达出生于美国俄克拉荷马州，父母都是伊拉克移民，父亲是工程学学科的大学教授，母亲是家庭主妇。9 岁的时候，胡达就开始使用美容产品。她说自己年幼的时候总觉得自己魅力不足，所以一直对化妆非常感兴趣，喜欢在闲

暇时光与 3 个姐妹尝试各种化妆品，自己研究一些美容方法。虽然痴迷化妆，但是她此前并没有意识到这可以作为一项职业。

大学期间，胡达主修商学。她对金融学有着浓厚的兴趣，也喜欢和数字打交道。然而，毕业之后真正投身到金融行业中后，胡达才觉得她在这方面毫无激情可言。

胡达感到非常迷茫，而且又遭遇了公司裁员，于是在家人的鼓励下，她进入学校专门学习化妆。她选择了美国顶尖的化妆学校——位于洛杉矶的乔·布拉斯科化妆学校。经过学习，胡达发现化妆绝对是自己的最爱。

在学校学习的时候，胡达开始写美妆博客。她每天放学回家就投入博客写作，然后在晚上参加社交活动，建立自己的关系网与知名度。

（注意，她性格外向、责任心强、特别勤奋。）

在学校的时候，她一直坚持这种繁忙的生活模式，当然她也喜欢这种生活。

开始写博客的头一年，读者寥寥无几。但是她的辛勤努力终于有了回报，伊娃·隆戈里亚（Eva Longoria）和妮可·里奇（Nicole Richie）等名人客户选择她作为自己的化妆师，随后她又选择搬到迪拜。因为她自己是中东人，肤色较深，更符合中东人的化妆审美，所以她觉得自己在迪拜会有更大的影响力。

（位置：去她的初始受众和目标市场所在的地方。）

在姐姐的鼓励下，胡达推出了自己的第一个产品：假睫毛。姐姐投资了 6000 美元，姐妹俩一起创立了自己的品牌。胡达对产品的外观、触感、包装和质量都特别讲究，这满足了那些对假睫毛有较高要求的女性的需求。

胡达的假睫毛产品大获成功，连金·卡戴珊（Kim Kardashian）也是用户之一。

（洞察力：胡达对受众可能喜欢什么样的品牌和产品了如指掌。地位：胡达的工作非常出色，服务对象包括各种名人和王室成员。）

全球著名的化妆品专业零售连锁店丝芙兰堪称化妆品帝国。胡达的愿景就是在迪拜购物中心的丝芙兰货架上拥有自己的一席之地。虽然经历了许多波折和磨难，但她最终梦想成真。

（思维模式：远大的愿景、坚定的信念，并且在前进过程中不断拓展自己的愿景。）

我们勾画出了胡达·卡坦在整个职业生涯中建立和利用的各种不公平优势。但是在剖析她成功的原因时，我们认为她最为关键的不公平优势还是**位置**。胡达不仅上过化妆学校，而且她的母校还是美国在这方面最顶尖的学府。这所学校位于洛杉矶，这里汇聚了她的潜在客户、好莱坞名人，以及那些希望自己看起来或者觉得自己很有名气和魅力的人。如果留在俄克拉荷马州，那么她绝对没有可能与伊娃·隆戈里亚和妮可·里奇这样的明星合作。但是，如果选择待在洛杉矶，那么她可能永远只能做一名明星身后的化妆师。搬到迪拜后，她认识到自己的风格和产品会有更加广阔的市场。最终，她的品牌成为世界知名品牌。在了解完 MILES 框架之中的所有不公平优势之后，可以回过头再看看她的故事，你会有更多的发现。

亚马逊——找到万事俱备的地方

早在 1994 年，杰夫·贝索斯就在西雅图创立了亚马逊，而此前他自己的工作地点是在纽约的华尔街。选择西雅图主要有 3 个原因。首先是方便招贤纳士。贝索斯希望能够方便地获得工程领域的人才。因为西雅图是当时的科技巨头微软的所在地，所以想从微软跳槽到亚马逊的人根本无须搬家。其次是因为税收政策。贝索斯利用了一个政策漏洞，搬到西雅图缴纳的销售税相对较少。最后是便于分销产品。亚马逊一开始销售的商品只是图书，也没有自己的仓库，所以贝索斯希望靠近最大的图书分销仓库，方便更快地投递图书。

Basecamp——摆脱对实体办公室的迷恋

Basecamp 不仅是一家成功的软件创业公司，更是一家非常有趣的公司。创始人贾森·弗里德（Jason Fried）和戴维·海涅迈尔·汉森（David Heinemeier Hansson）对于硅谷追逐超高速增长、渴望成为独角兽公司、拼尽全力工作的文化深恶痛绝。

贾森和戴维的创业方式与哈桑的类似，他们的公司属于生活方式型创业公司，全员在线办公，初始业务以为客户提供网页设计服务为主。甚至公司的两位创始人都远隔重洋——戴维在丹麦哥本哈根，贾森则待在美国芝加哥。

随着客户量的增加，单纯依靠电子邮件往来管理项目变得愈发困难，所以他们希望有一个地方来存放项目所有的信息和文件，这样就能顺畅地管理项目。

他们开发了项目管理软件，并在公司内部使用。客户了解到之后开始向他们咨询相关事宜，希望自己也能使用他们的软件。于是，贾森和戴维的公司转型成为软件公司。

他们完全依靠自力更生，从未向外部投资者筹集资金，以公司的营收为基础逐渐发展业务。

贾森和戴维是非常好的例子，他们在选择公司的位置时非常慎重，因为创始人和大部分员工分别居住在不同国家。他们并没有要求所有人集中在一个地理位置，而是将员工分散在不同的地点作为一种积极因素，甚至将之转变为自己公司的决定性特征。他们把远程办公转化为企业文化。

他们解释道：

过去 18 年中，我们一直努力让 Basecamp 成为一家氛围平静的公司。

自创立伊始，我们每年都在盈利。我们刻意保持较小的公司规模，因为我们相信，规模不大是平静的关键所在。作为科技公司，我们本应卷入硅谷喧嚣忙碌的竞赛之中，但是我们远离"是非之地"，幸福地待在芝加哥和全球其他 30 个地方远程办公。

一年中的大部分时间里，我们每个人每周工作约 40 小时，而在夏天，我们每周只工作 4 天，共计 32 小时。我们每 3 年会指定员工享受为期一个月的假期。休假期间，我们不会支付员工薪酬，但会为他们报销度假的费用。我们所处的行业是世界上竞争最激烈的行业之一。在数以亿计的风险投资资金的支持下，这个行业不仅巨头林立，创业公司也如雨后春笋般出现，这就是我们这个行业的主旋律。我们从没有接受过任何投资。那么我们的资金从何而来？答案是我们的客户。他们购买我们的优质产品，享受我们的服务。我们的经营模式其实非常传统。

运气

"我发现运气其实很容易预测。如果你想更走运，就多尝试几次，更加积极主动，多抛头露面。"

——博恩·崔西（Brian Tracy），加拿大励志演讲家

"无论你的技能多么出众，决心多么坚定，如果缺少了运气，那么终将一事无成。"

——保罗·格雷厄姆，Y Combinator 联合创始人

你可能想知道为什么我们会把运气和位置放在同一章。实际上，我们在这个问题上反复考虑，但是有一句话总是浮现在我们的脑海里："在正确的时间出现在正确的地点。"

我们已经在书中讨论过运气，但是在正确地点和正确时间这个背景下，让我们再来看看运气的含义。时机对于创业公司来说特别重要。我们需要思考：我们是否可以增大准确把握时机的概率？

接下来，我们来讨论一下如何通过改变自己的思维模式，迅速提升自己的运气。这听起来似乎不太真实，但是实际上是有科学依据支撑的。

抓住时机

20 世纪 90 年代末期，比尔·格罗斯（Bill Gross）创立了 Idealab

（创意实验室），这是最早的创业孵化器之一。他创办 Idealab 的初衷是寻觅自己关心的几个问题的答案，主要是想弄明白成功的创业公司和失败的创业公司之间究竟有何区别。

在研究中，格罗斯和他的团队先找出 Idealab 表现最佳的 5 家创业公司，然后又找到此前他们感到前景非常乐观但是最终倒闭的创业公司，最后将两组公司进行比较。他假设考察的所有创业公司都拥有充足的资金，并从 3 个因素出发研究这些公司的差异：

- 时机；
- 团队和执行；
- 创业点子。

格罗斯此前认为创业公司要想成功，必须有独一无二的创业点子。但是研究给出了不同的结论。就重要性而言，创业点子实际上在 3 个因素中排在最后。团队和执行位列第二。**排名第一的是时机。**

对比成功与失败的创业公司，我们发现选择时机正确与否占到两者差异的 42%，所以创业公司能否成功，最重要的是时机。我们并不是说创业点子不重要，但是创业点子并非最重要的成功因素。这种观点依旧令人耳目一新。有时，创业真的需要争分夺秒，那么时机显然变得更加重要。

格罗斯创立过许多公司，其中一个是名为 GoTo 的网站，后来改名为 Overture（序曲），这是有史以来第一个按照点击次数付费的搜索引擎。该网站吸引了大量用户，格罗斯那时认为其大获成功的原因是自己的想法非常独特。现在回头来看，他认为应该归功于网站推出的时机。同样，他认为谷歌的成功也是由于时势造英雄。

不难看出，正确的时机对于创业公司来说有多么重要。

我们没办法改变自己的出生时间，却能把握创业时机。所谓把握创业时机，关键在于赶上时代的大浪潮，社会转型和技术革新会带着你一路乘风破浪。这种浪潮绝不是短期趋势或者一时炒作，而是宏观趋势。

举例来说，埃文·斯皮格尔和他的联合创始人洞悉，像他们这样的 Z 世代（1995 年 ~ 2009 年出生的一代人）年轻人的社交习惯有所转变，喜欢用自拍来表达自我并且以可视化的形式进行交流。这种转变恰巧与智能手机装配高清前置摄像头的技术趋势相吻合，而且由于移动互联网的出现，手机照片可以直接上传到网上。埃文·斯皮格尔抓住了时机，部分原因是他的出生时间，因为他本身就属于年轻一代。

把握时机的另外一个例子是 Just Eat，它创立的时候恰逢智能手机和手机应用兴起的技术革新期，也是社会变革期。人们逐渐不习惯使用电话与人交谈，比如打电话到餐厅订餐，而是更喜欢使用网站和手机应用下单。Just Eat 首次公开募股的时机也恰到好处。伦敦证券交易所在主板市场开辟了对于技术型公司非常友好的高增长子市场（high growth segment），Just Eat 是第一家在该子市场上市的公司。这帮助 Just Eat 获得了高于预期的估值（首次公开募股的关键正是把握正确时机）。

说到时机，通常会有 3 种情况，即太早、太迟或者刚好。

说到"太早"的例子，过去几年虚拟现实（virtual reality，VR）是大家热炒的技术。2014 年，脸书花费 20 亿美元收购了研发 Oculus Rift（一款为电子游戏设计的头戴式显示器）的创业公司 Oculus。当时，大家都觉得这项技术的应用即将迎来爆发。自那时起，受到 Oculus 成功的鼓舞，无数创业者向我们讲述自己在 VR 和增强现实（augmented reality，AR）方面的创业点子或者表达融资需求，希望我们能够给予支持。然而，到了 2019 年，VR 技术依旧需要笨重的头盔，而且很多人在使用的时候会略感恶心。因此，对于大多数人来说，这项技术的广泛应用似乎依旧为时过早。我们坚信属于它的时代终会来临，但是现在还"太早"。

太早或者率先进入某个市场并不是好事，因为你必须负责教育潜在的用户和客户，让他们了解你的产品的优势。客户教育是一项成本昂贵的营销活动，而且极具挑战性。

与"太早"相对的是"太迟"，是指创业公司进入市场的时候，这个市场已经挤满竞争者。也就是说，市场此前已经经历过爆炸性增长。此类市场遍地是各个公司许下的承诺，到处是成功的故事，但是大部分公司的增长巅峰已过。你或许还记得我们说过，今天的搜索引擎已经无法复制谷歌的成功。原因正是，除非你能做出革命性的创举，否则进入搜索引擎这个领域已经"太迟"。

最为理想的情况是瞄准一个规模不大但是不断增长的市场。这时进入市场才算"刚好"。所有的独角兽公司，包括我们此前提到的例子，都是这个策略的完美践行者：谷歌、亚马逊、脸书、奈飞等。

说完了时机，再来谈谈我们能否改变自己的运气。也就是说，无论出生在什么时候，我们能否更加幸运？是否有什么秘诀可以让我们恰巧碰上有利的情势？

心理学家理查德·怀斯曼（Richard Wiseman）博士认为，这是可能的。根据他的研究，要拥有好运，关键在于思维模式。换言之，你的内心想法可以为你在生活中创造好运。如果认为自己非常走运，那么你就更有可能拥有好运；如果认为自己非常倒霉，那么你便很可能交上厄运。因此，按照怀斯曼博士的观点，我们可以提升自己的运气，更多的实用建议请参考本章末尾的内容，包括两位作者结合自身经历给出的建议。

在给出实用建议之前，让我们来看看几个关于运气、时机和位置的例子。

任天堂——抓住历史性时机

18 世纪末期，日本政府开始严格管控赌博。即便是流行的纸牌游戏，当局也会严厉打击，取缔打牌的场所，驱散娱乐的人群。不过到了 19 世纪末期，这种严格管控的政策有所松动。日本政府认可了任天堂创始人山内房治郎生产的花牌。而且，当时的日本依旧禁止外国扑克牌进入日本市场。

这意味着山内能够为对游戏如饥似渴的日本带来一款游戏。他非常幸运，恰恰出生在了一个可以利用市场历史性空白的时期。此前的创业者因受到日本政府压制没有这样的机会，而未来的竞争者已然错过如此良机。山内看到并且抓住了这个时机，当时他推出的花牌在全日本几乎人手一套。

任天堂创立的时机堪称完美。历经近两个世纪的风雨，它依旧屹立不倒。这也归功于任天堂随后推出的多款深受玩家喜欢的游戏，比如《马里奥》《塞尔达传说》《精灵宝可梦》等出色的视频游戏不仅把握了时代脉搏，更创造了新的潮流。

Deliveroo——准备好点子，只待正确时机

在伦敦创立 Deliveroo 的时候，许子祥坚信他肯定会成功，因为公司致力于解决的问题日复一日地出现在当地人的生活之中：伦敦人希望足不出户就享受到食物。许子

祥此前住在纽约，享受过方便快捷的外卖文化，他看出类似的项目可以在英国顺利进行。我们在第 8 章中已经谈到，许子祥的洞察力正是 Deliveroo 重要的不公平优势，但是我们还想指出，**位置**和**运气**在 Deliveroo 的成功中也发挥着重要作用。尽管它提供的服务与 Just Eat 类似，但 Deliveroo 依旧成功地在伦敦市场中占据了一席之地。许子祥的目标客户并不是所有有外卖需求的人，他关注的是那时还没有推出送餐服务的高档餐厅。

为什么许子祥的点子行之有效？一个原因是，许子祥在切尔西的核心区创立了自己的公司，切尔西是伦敦几个较为富裕的地区之一。对于许子祥的创业构想来说，这是极佳的位置。他可以瞄准财力雄厚的客户，这些客户能够负担得起高档餐厅价格昂贵的食物。与纽约一样，伦敦遍地都是资金充裕却无暇外出就餐的人，他们都希望能够在家或者办公室享用食物。

此外，这个例子也能说明时机的重要性。许子祥早在 2004 年就有了创立 Deliveroo 这类公司的想法，但是直到 2013 年才付诸实施。为什么？与 Just Eat 等早期外卖模式不同，许子祥设想组建自己的配送员队伍，为客户配送餐品，并且实现对配送员的追踪。这有什么问题呢？

那时，相关的技术还不存在。当技术成熟之后，许子祥已经准备好付诸行动。在伦敦还没有其他竞争者，所以他抢先一步。虽然他等待了整整 9 年时间，但是公司成立之后，很快就在他的带领下成了独角兽公司（价值超过 10 亿美元）。

将位置和运气作为你的不公平优势

众所周知，位置是非常重要的因素。选择居住地的时候，我们会考虑当地的配套设施，比如学校、交通、公园、健身设施，还会关注其他各种因素，比如犯罪率、环境，以及该地的各种新闻。选择居住地尚且如此，为什么不对创业地点给予同等的关心与关注呢？

说到位置，很多人认为这是我们最难控制的不公平优势（比如我们的出生地是无法由自己选择的）。其实，它也是最为灵活的不公平优势，因为我们随时可以迁址。

只有你知道自己的公司需要什么。因此，你需要时常思考公司的选址是否还有优化空间。可见，在创立公司之前，值得我们思考的一个重要问题就是选址——无论是在现实之中还是在虚拟空间里——能否满足公司的需求，增大公司成功的概率。

- 你的公司是否靠近其他类似公司？
- 你的公司能否获得所需的人才？
- 你的公司能否轻松获得潜在委托人或者客户？

思考公司的位置是支撑了还是阻碍了公司的发展。可能你的公司隐匿在住宅区之中，但是这有利于留住居住在附近的优秀劳动力。可能你的公司办公室狭小拥挤，但是名头响亮的地址会给潜在客户留下深刻印象。

即便是一人公司，也要考虑位置的问题。在家工作可以减少通勤时间，但是整天在家身着睡衣可能会降低工作效率。租用共享办公空间确实会降低公司利润，但是也会拓展你的人脉。权衡利弊，看看**位置**是否是影响公司成败的关键因素。

如果认为公司目前的位置不够好，那么你有两个选择：既可以选择迁址，也可以像 Basecamp 一样，学会利用好互联网，以远程方式与世界各地的人才合作或者雇用他们。

公司在互联网上的"位置"也很重要。公司的网站能否吸引他人？它在搜索引擎上排名第几？在搜索引擎优化和网站设计方面投资非常关键。如果你的网站让人百看不厌，那么相比那些千篇一律、设计过时的网站，即便你们提供的服务相同，你也能立即获得不公平优势。

如何变得更加幸运

与难以捉摸的运气相比，位置相对比较简单。

我们同样可以将运气变为自己的不公平优势。我们已经谈到了心理学家理查德·怀斯曼博士的理论，即好运是靠自己创造的。如何在实践中应用该理论呢？

怀斯曼博士在《正能量2：幸运的方法》（The Luck Factor）一书中指出了那些幸运的人在生活中创造好运的四大基本法则。

1. 最大限度地利用所有机会

对于这一点，怀斯曼认为仅在正确的时间出现在正确的地点并不一定迎来好运；我们还需要有正确的心态。他曾做过一个有趣的实验来说明这一问题。

怀斯曼邀请了两名志愿者——自认为自己非常幸运的马丁和认为自己不太走运的布伦达。他要求两人前往一家咖啡厅等待下一步指示。实验的设计方案是提供给两人同样的"机会"，然后观察他们的反应。怀斯曼在两人能够看得到的地方留下了一张5英镑的纸币，并在咖啡厅的一个位置上安排了一位成功的商人。

结果如何？马丁发现并且捡起了纸币，然后来到成功商人身边坐下。没过几分钟，马丁就和对方攀谈起来，还提出请他喝杯咖啡。

布伦达径直跨过了5英镑的纸币，完全没有注意到它。虽然她也坐在了那名商人旁边，但是她只是默默地坐在那里。

后来当被问及他们那天早上的运气时，马丁兴奋地谈到他如何在地上捡到了钱，并遇到了一个特别幽默风趣的人，而布伦达只是面无表情地表示自己度过了一个毫无波澜的早晨。这个实验表明，永远寻找机会，始终努力创造机会是多么重要。马丁有敏锐的洞察力，在社交中积极主动地开启对话，所以与陌生人迅速建立了友好关系。这位陌生人可能会为他的生活增添价值。相反，布伦达较为消极，错过了这样的机会。有人认为天生外向的人更擅长这样的事情，可是生活中很多性格内向的人在面对机遇时也会变得更加开放。

2. 相信你的直觉和预感，尤其当你已经有过类似的幸运经历时

曾有研究人员对 100 多名自我感觉"幸运"和"不幸"的人进行了调查，其中 90% 以上自我感觉幸运的人表示他们在个人人际关系中相信自己的直觉，80% 以上的人表示自己在职场中同样如此。这是因为潜意识能够准确地识别重复出现的固定模式，使用过去的经验来判断现在的情况。举例来说，你发现某种肢体语言让你无法相信对方，这是因为你的潜意识发现这是撒谎的标志。

但是，对于依靠直觉，要把控尺度，因为无意识的歧视与偏见也会以同样的方式形成。对于创业公司来说，很多事情是与直觉相悖的。因此，我们可以在某种程度上相信直觉，但是如果直觉完全主导了行为，我们就必须警觉起来。换言之，我们要相信自己的能力，努力武装自己的头脑。

3. 期待幸运的到来

只要敢于设想，预言就能实现。这是真的。这恰恰解释了为什么马丁更有可能注意到地上的纸币。如果你留意着身边的机会，尝试着、期望着遇到机会，那么你就更可能抓住机会。这其实是一种乐观主义，是一股强大的力量。

思考自己过去在什么地方有过幸运的经历。

在生活中，我们都会有自己的幸运时刻。重要的是回想起这些时刻，心存感激，期望人生能有更多这样的时刻。

4. 化厄运为好运

人生不如意，十固常八九。在实现任何目标的过程中，我们都会遇到各种障碍和挑战。这是我们无法左右的事情。我们能控制的是自己如何看待它们以及它们对我们的影响。如果我们一旦遭遇厄运就选择放弃，那么事情必然没有好的结果。也就是说，影响事情结果的其实是我们的选择，而非厄运。如果我们能将厄运视为学习的机会，视作自我改进的途径，可能就会找到新的途径或者树立更好的目标。如果能这样思考问题，那么你肯定会觉得自己特别幸运。

通过把注意力集中在我们心存感激的事情上，而不是我们尚未拥有的东西上，好运自然会来敲门。换句话说，我们要有感恩的思维模式，充分利用现有条件。往好的方面看。

回想一下，你是否遭遇过不好的事情，到头来却发现实际上是一件幸事或者好事？

这是普遍现象。我们在生活中做出选择的时候，往往凭借的只是自己的短视与浅见，根本无法预见事情可能的发展方向。

显而易见，我们不能完全掌控运气，但可以拥有正确的思维模式，从有利于自己的角度审视问题。

在上述四大基本法则的基础上，我们还想补充一点非常重要的内容：

增加尝试的次数。

动起来，拓宽人际圈，参加更多的活动，在博客上宣传自己的创业公司。创造自己的产品，让公众了解它，获取反馈。让大家更多地了解你，了解你的公司，了解你的产品。这些都是提升运气的有效方法，因为成功就像掷两个骰子时掷出两个六点，其实我们可以掷无数次。显然，我们只需不断掷出骰子，直到得到两个六点。你只管尽量增加自己成功的机会，因为没有人会去计算你的尝试次数。

位置和运气是一把双刃剑

"中心"位置的负面问题是它的价格可能非常昂贵。将办公地点选在其他地方，可以以更低的成本获得人才，使用更便宜的办公空间，大幅降低生活成本等。这意味着我们可以有效地降低"烧钱速度"，延长生命周期。另外，像我们提到的 Basecamp 和那些环游世界的"数字游民"一样，我们可以为公司选择"非中心"位置，这样做既可以提升我们在人力资源和远程办公方面的能力，也可以吸引所在地之外的高技能人才。这种做法非常有效，既能保持较低的管理费用和人力成本，又能雇用高技能人才。哈桑采取的正是这种做法。

"糟糕"的选址（比如选择缺乏创业生态系统的小城市）也可以是一种优势。在这样的地方，你可以看到那些身处大都市中心的人永远不会发现的问题和当地人民未能得到满足的需求，也可以躲开大城市的激烈竞争。由于生活成本相对较低，因此创业公司在实现盈利之前可以生存更长时间。此外，我们现在已经没有理由拒绝与世界各地的人们开展远程合作，利用好全球的劳动力市场，不要再执迷于从本地招募人才。

但是，如果已经将办公地点选在美国硅谷或者伦敦的硅环岛，那么你会面临不利因素吗？没错。优越的位置意味着高昂的房租，很难以合适的价格租到房子，或者当地的人才价格极高而且会频繁跳槽。为什么？这是因为在这种创业公司林立的环境中，人才永远不乏追求者。

说到运气，没有足够的运气意味着你有更加坚定的决心去克服重重困难。可能你不够幸运，不是富二代，出生的时候父母也没有为你准备信托基金。没关系，你可以依靠自己的力量创业。没有碰上正在寻找联合创始人的编程专家？没关系，你可以以最传统的方式去"偶遇"——不断社交，建立人脉。

　　过早遇到好运其实也存在弊端。如果公司在创立之初就好运连连，比如很早就获得了成功，那么你很难练就面对拒绝时面不改色的厚脸皮，也培养不出得到反馈时的低调谦逊。你可能会觉得自己是出色的管理者或领导者，然而事实并非如此。你的成功可能仅仅是因为碰巧时机正好，但是你被成功蒙蔽了双眼，误以为是其他原因导致了自己的成功。有时，过早的成功还会阻碍你的成长，使你的公司无法达到理应达到的高度或者没法继续创造成功的产品。这类似于歌手的第一支单曲大获成功，但是随后便江郎才尽，只能是昙花一现。

第 10 章 教育和专长

"知识即财富，无知即贫穷。"

教育

走出校门并不意味着教育的终止。实际上，教育也并非始于我们踏入校门的那一刻。生活就是一个学习过程，我们从出生的那一刻起就开始了学习。

虽然阿什读起书来如饥似渴，但是他依旧不太适合进入大学学习。对于他来说，最佳的学习方式是阅读和自学。阿什的伙伴们进入了不同的大学，他们会开心地谈论最近参加的聚会，对于摆脱家长的束缚感到兴奋不已。相比之下，阿什的选择似乎不算特别光彩——进入销售办公用品的史泰博公司工作。

阿什的高中同学会在开学之前和朋友一起去度假，而他却在帮助客户挑选计算机。

阿什的高中同学结识了新朋友，开始令人兴奋的冒险活动，而他却在研究保修卡和质保书。

阿什的高中同学面对大量的阅读作业发出痛苦的叹息，他却在上班的时候偷偷跑到店里的图书区，只为了能够学习有关互联网的知识。

阿什重修了一些高中课程，也尝试获取其他文凭，但是都未能成功。他两次从专科学校退学，从未上过大学。但是无论以怎样的标准衡量，阿什的成功都是毋庸置疑的。

阿什的经历并不多见。世界上大部分卓越公司的创始人上过大学。在成千上万的成功创业者中，只会有一个像理查德·布兰森这种没有上过大学的，其余的创业者基本都按部就班地求学，获得自己的学位，然后再创建非比寻常的创业公司。

然而，相关并不代表因果。教育是否真的能为我们带来不公平优势？教育是否重要？

简单来说，教育的确非常重要。听到这个答案，你肯定不会感到吃惊。然而，接受教育的途径和方式绝不应拘泥于少数几种。我们此前已经讨论了智力，现在我们来讨论如何利用智力接受教育或者培养专长。我们将从整体上看待教育，讨论为什么正规教育可能是或者可能不是最适合你的道路，还会讨论接受教育和培养专长的不同方式。

有人将教育定义为"学习的过程，特别是在学校里学习"。

接受良好的教育是巨大的不公平优势。

正规教育一般是指校园里的基础教育和高等教育，而非正规教育是指遵从自己的意愿而接受的教育。

"良好"教育带来的不公平优势

所有的父母都想给孩子最好的，为此即便付出高昂代价，他们也在所不惜。顶尖的基础教育和高等教育不仅门槛很高，而且学费昂贵、竞争激烈，其实这合情合理。

德倍礼（Debrett's）每年都会评选出在英国最具影响力的人物，

其中包括企业家。在 2015 年的"德倍礼 500 杰"名单中，超过 40%的人在收费的私立学校就读，而私立学校在英国仅占 7%。这说明这些人的出身阶层缺乏多样性，而且《卫报》认为英国的阶级愈发固化。但是，这一数据同样告诉我们，无论出于何种原因，进入私立学校学习似乎都能增加过上好日子的机会。

上过私立学校的顶尖企业家数量之多令人咋舌，包括维珍的理查德·布兰森、微软的比尔·盖茨、脸书的马克·扎克伯格、特斯拉和 SpaceX 的埃隆·马斯克、Twitter 和 Square 的杰克·多尔西（Jack Dorsey）、戴森公司的詹姆斯·戴森（James Dyson）、奈飞的里德·黑斯廷斯（Reed Hastings）、PayPal 和领英的里德·霍夫曼、Zappos 的谢家华（Tony Hsieh）、安德玛的凯文·普兰克（Kevin Plank）、Snapchat 的埃文·斯皮格尔、Instagram 的凯文·斯特罗姆（Kevin Systrom）、维基百科的吉米·威尔士（Jimmy Wales）和 GoPro 的尼古拉斯·伍德曼（Nicholas Woodman）。

很有趣，对吧？

在创业这条路上，没读过私立学校看起来不是什么好兆头。对于那些负担不起私立学校昂贵学费的父母来说，孩子的前途似乎暗淡无光。尽管各国政府不断努力提升社会流动性，让越来越多的学生进入顶尖大学，但是如果研究一下顶尖名校的学生数据，不难发现其中绝大部分学生来自私立高中。

让我们仔细进行分析，深入了解正规教育能带来哪些实际的好处。

知识、人脉、标志

正规教育能为我们带来三点好处：知识、人脉和标志。

第一是知识，也是我们接受教育最明确的目的。知识是我们在学校里学到的内容，包括识字、算术以及与世界有关的其他内容。一般来说，随着年龄的增长，我们进入大学，会选择某个专业学科进行更加深入的学习。这种教育让我们掌握了阅读和算术等与世界交流的基本工具。毋庸置疑，学校教育（尤其是儿童时期的教育）对人生的成功至关重要。大学的专业学习将使你对世界或某一领域有更深入的了解。

第二是人脉。如果你进入大学学习，特别是那些声名显赫且极难考取的高等学府，会遇到很多与你一样的同学，他们也是好不容易才拿到入学资格。大家都经历了严格的选拔过程，这也意味着所有人都是在竞争中获胜的佼佼者。大家都聪慧过人、积极进取。这样的同学群体也是潜在的联合创始人和商业伙伴的绝佳来源。大学还能提供另外一个重要人脉：很多大学有出色的创业社团，如果你能进入这样的社团，不仅能够有教授作为你的创业导师，还能接触到投资人。有些大学甚至有自己的投资基金。

第三是标志，通常称为信誉，就是向别人展示你具备从事某些工作的技能和智慧。这是教育体制能为我们提供的地位和"个人品牌"（第 11 章将详细探讨）。如果能考入名校，那么你的地位会迅速提升，能力也会立刻得到证明——一纸文凭就是要告诉别人"我不仅很有天赋，而且非常勤奋"。所以，一流大学在这方面的作用是很大的。

尽管对于大学的种种批评不绝于耳，而且其中许多确实有理有据，但是前述三点好处依旧回报丰厚。

2013 年，美国风险资本家艾琳·李（Aileen Lee）仔细研究了增长最快的独角兽公司的共同点。艾琳将"独角兽公司"定义为成立不到 10 年便成长为估值超过 10 亿美元的创业公司。围绕这些公司有太多坊间流传的"神话"和言过其实的报道。艾琳希望研究这些公司的有关数据。

在诸多研究内容中，艾琳注意到有一个"神话"确实存在：名校是独角兽公司的摇篮。斯坦福大学培养的独角兽公司数量最多，紧随其后的分别是哈佛大学、加州大学伯克利分校和麻省理工学院。赛捷（Sage）公司在 2017 年进行的后续研究也表明几所大学的排名依旧没有改变。

对于大多数企业家或创业公司的创始人来说，尤其是想融资的非技术型创始人，正规教育是一种不公平优势，主要体现为标志、地位和人脉。如果你是非技术型创始人，那么名校教育可以让你的领英页面和演示文稿上赫然出现哈佛大学、斯坦福大学、麻省理工学院、剑桥大学、牛津大学或伦敦大学学院等顶级大学的名字，还能让你借助同学和校友的人脉关系，塑造你的个人品牌。

技术不公平优势

在大学里学到的专业技术知识绝对是一种不公平优势。

拉里·佩奇和谢尔盖·布林是斯坦福大学计算机科学专业的博士生。如果不是他们在 1996 年一起撰写学位论文，就不会有谷歌的诞生。在学院主任和导师的鼓励下，二人最初确立论文的研究对象是"BackRub"（中文名为"网络爬虫"），主题是研究互联网结构，并以图的形式呈现结果。那时的两人只是对互联网这个新生事物痴迷不已，脑子里根本没有成为亿万富翁的远大抱负。

他们开发搜索引擎的时候，市场上已经有很多搜索引擎，没人相信互联网还需要新的搜索引擎。然而，他们最终把谷歌发展成为全世界最具价值的公司之一，这是因为技术上的不公平优势。佩奇和布林有敏锐的洞察力，他们发现当时的搜索引擎无法显示最佳结果，这是因为这些搜索引擎仅基于关键词进行搜索。佩奇和布林的想法则不同，他们选择基于学术引文模型进行搜索，这使得搜索效果明显提升。他们接受了数学和计算机科学方面的教育，具备相关的专长，可以应用自己的创造力来解决他们发现的问题，并且最终取得了成功。

谈到正规教育和大学的时候，佩奇和布林的例子不容忽视。因此，创业中心总是毗邻大学校园。

任何领域都是如此，例如在生物技术领域，生物学博士接受了相关的教育，具备了该领域的专长，然后应用二者去解决某个问题。

生物学博士的不公平优势就是拥有专业知识，而且通常在实力强大的学术机构工作。这种学术机构能够支持和培养创业公司。

再来看看戴密斯·哈萨比斯（Demis Hassabis）的故事。在我们探讨智力的那一章中，即使将他作为研究天才的案例也顺理成章，因为他不仅是围棋神童，而且年仅 17 岁就与他人一起设计了经典模拟游戏《主题公园》，并且主导了该游戏的编程工作。戴密斯接受过良好的教育。以优异的成绩从剑桥大学计算机科学专业毕业之后，他作为首席人工智能程序员继续从事计算机游戏的开发工作，随后创立了自己的视频游戏开发公司。在这之后，戴密斯又回到学术圈，在伦敦大学学院攻读神经科学博士学位，希望从人脑中寻找更多人工智能算法的灵感。

有些人取得的成就简直数不胜数。单是看看他们过往的荣誉，你就会感到震惊不已，也能一眼看出他们聪慧过人。这个世界上确实存在这种出类拔萃的异类。

最终，戴密斯在 2010 年与他人一起创立了 DeepMind，一家位于伦敦的机器学习创业公司。DeepMind 雄心勃勃，以"攻克智能领域的难题"为己任，然后使用智能"解决其他所有问题"。当然，这家公司在经济上获得了巨大回报，并在 2014 年以 4 亿英镑被谷歌收购。戴密斯的联合创始人之一肖恩·莱格（Shane Legg）也是人工智能专业的博士。这个例子同样证明了进入高等学府的学习经历是巨大的不公平优势，带来的好处不止于标志和地位。

专长

　　培养专长并不困难。通常情况下，我们可以通过自学获得专长，但是自学的方式主要是实践。我们首先要学习足够的理论知识，但是要明白，真正的学习始于你将理论知识付诸实践，通过现实世界的反馈来了解理论的应用情况。只有这样，你才能成为真正的专家。

　　阿什通过培养自己的专长找到了自己的不公平优势，哈桑也是如此，但是途径完全不同。阿什培养自己专长的途径是在史泰博公司工作的时候阅读相关图书，然后马上学以致用，开展项目，创建了售鞋电子商务网站。哈桑则是通过学习在线课程，然后在现实生活中应用课程中介绍的技巧。只要能清除自己在应用知识的道路上的各种障碍，两条途径就都有效。虽然培养专长的方式不同，但是二者殊途同归。我们的最终目标是"边做边学"。

　　如果你并不具备金钱这项不公平优势，手头并不宽裕，每月勉强收支平衡，那么瞄准人才紧缺的领域，发展自己的专长可能会是不错的出路。可以利用自己的专长兼职，也可以利用它助力自己职业生涯的发展。

　　专长往往意味着你擅长某个细分领域的工作，没人是"样样精通的专家"。所以我们需要遵循自己的兴趣。正规教育和各类学校的理念通常是让学生学习多个科目，并在所有科目上打下坚实的基础，所以很难帮助你在某个专业领域建立专长。而我们认为"你"才是培养专长时需要关注的重点。没有接受过正规教育，没有获得相关的资质并不妨碍我们发展专长：只需阅读一本书，收听一份有声读物或者学习一个在线课程，这就是你培养专长的开始。

学校自身也存在问题，部分学校反应迟缓，很难跟上时代的步伐，满足雇主对于新技能的需求。举例来说，十年之前，根本没有公司设立社交媒体运营岗。随着数字技能的需求范围不断扩大，各种新兴职业层出不穷，高等院校很难跟上如此迅速的步伐。

关于专长的定义，我们非常赞同费尔南德·戈贝特（Fernand Gobet）教授的观点：只要在某个领域完成工作的质量远优于大部分普通人，那么就可以被称为该领域的专家。

这个定义适用于各种领域专家，从专业的瑜伽教练到网球巨星，再到税务专家。而且，这个定义没有将我们的专长限制在某一个领域内。虽然我们不可能成为所有领域的专家，但是可以通过培养多个领域的专长，使自己在多个领域出类拔萃。

如果我们在某个领域有明确且可衡量的成果，那么就更容易成为或者说被认为是该领域的专家。本书的两位作者都具有搜索引擎优化领域的专长。这种能力是可以衡量的，比如在谷歌搜索框中键入目标关键词，可以看到谷歌最终搜索结果中排名靠前的网站。我们很擅长通过给网站增加流量，来提升网站的搜索排名。这种做法的收获是显而易见的，可以为公司带来收益，这将体现在网站搜索流量报告和公司的资产负债表上。我们通过不断试验，不断犯错，不断学习，不断尝试才拥有了这种专长。

阿什的大部分专长是在工作之外培养的，是他在自己作为"小副业"的创业公司里积累而来的。一般来说，要在公司里将任何计划付诸实施，都需要各个层级的经理和决策者同意才行。自己做副业的时候，你就是自己的老板，可以轻松地实施自己的任何计划。阿什学得很快，收获颇丰，因此自己的钱包充实了起来。

每每遇到 20 岁出头的年轻人，我们总是建议他们在择业的时候不要选择报酬最高的工作，而要选择能够学到最多东西的工作。通过大量学习，年轻人可以发展某个行业的专长，可以为今后的职业技能打下坚实基础，可以获得极具价值的见解。这些见解在未来可以转化为创业点子。

教育让我们学习理论知识和深层知识，但是要想成为真正的专家，有两点极为重要：一是积极在现实生活的实践场景中应用所学的知识，二是坚持终身学习。单单是能够张嘴回答某个专业的问题算不上该领域的专家，真正的专家必须动手参与过相关实践。与其他学习形式一样，要成为专家，你必须长期深耕，苦心钻研，不断精进，才能做到"完成工作的质量远优于大部分普通人"。

将教育和专长作为你的不公平优势

你对自己的教育水平是否满意？只有你自己知道自己距离渴望的水平还有多大差距。对于童年时期接受的教育，我们已经无能为力。但是无论何时，选择继续学习，提高自己的知识水平和技能水平，永远不会太迟。我们可以选择攻读研究生学位，比如工商管理硕士或者创业学硕士，或者像哈桑一样学习在线课程，又或者在夜校学习某项技能，比如编程。但是如何决定自己是否有必要进行这样的学习呢？

这个问题的答案取决于很多因素，其中就包括你的其他不公平优势。如果你还没有创业点子，没有自己情有独钟的职业道路，此前的职业生涯也没有太多知识和技能积累，而且你又有能力重回校园，那就行动起来吧！你可能会在学校遇到可以帮助你的人。另外，如果有机会进入名校或者选修知名课程，那么你的地位会大幅上升，人脉关系也能得到拓展。可以选择进入商学院，课堂上的案例研究能让你受益匪浅；可以选择学习与 STEM 学科有关的内容，从而迅速获得技术方面的洞察力；也可以选择学习人文学科，获取重要的文化技能。拥有硕士学位或博士学位的人在未来的工作中可能会得到更丰厚的报酬。有了这样的财富积累，你就可以更早地选择辞职，创办自己的公司。

思考以下问题：

- 你是否具有自己创办公司所需的技能？
- 你是否知道自己在哪方面是专家？
- 你想成为哪方面的专家？

可能你已经知道自己是哪方面的专家了。在这种情况下，你可以把公司的力量聚焦在你擅长的领域，努力学习你需要的其他技能。即便你觉得自己缺乏足够的技能或者专业知识，也不必等待万事俱备才开始创业。如果你想建立 MILES 框架中的支柱"E"，还有另外一条道路，那就是边做边学。具有"不断完善自我"的思维模式，努力做一个实干家而不是空想家，这帮助两位作者拥有了属于自己的专长。

如果你觉得自己好像还没有什么专长，那么你可以通过下述方式发展自己的专长。

在线学习

阿什曾经雇用过一名专业的视频剪辑人员。其他人需要花费一天时间的工作，他用 3 小时就能高质量地完成。阿什十分好奇，问他是如何成为视频剪辑专家的。他戏谑地回答道："我有 YouTube 认证。"其实他的意思是，他只是跟着免费的 YouTube 视频学习视频剪辑。这并不令人惊讶，而是恰恰证明，只要有学习的目标和动力，达成目标的方式是多样化的。当然，像 YouTube 这样的视频网站并非理想的学习场所，在结构化的在线课程上下功夫可以帮助我们建立更清晰的知识体系，而且会向我们揭示更多业内常用的技巧与窍门。在视频网站上，大家会因为害怕竞争对手模仿而不愿意分享此类内容。

阅读

世界上顶尖的成功人士会通过书籍分享信息、建议和智慧。尽量提升自己的阅读量，也可以选择有声书。

结识导师

我们没法用言语和书本交流，但是我们可以与专家级别的从业者交谈，提出具体问题，迅速增长关于该领域的知识。要结识优秀的导师，就需要我们与对方建立关系或者干脆付费换取对方的服务。要争取与导师见面的机会，既可以选择一对一的会面，也可以参加导师主持或者出席的会议和讲座。有时这些活动是免费的，时刻留意你所崇敬的那些人是否在你所处的地区举办活动。在本书的第三部分中，我们会告诉你如何寻找专属导师。我们鼓励创业者在寻找导师的时候，将目标锁定为那些领先自己 2 ~ 5 年的人选，因为他们可以教给你最为实用的技能。你需要做的是利用这些技能发展自己的专长。即便你觉得他们并非导师而只是同行，你依旧能从他们身上学到很多东西。利用好自己的人脉，与他人直接交流，向他人学习。切记，三人行必有我师。

自己动手

这是最后一条也是最为重要的一条建议，自己动手！努力练习。如果可以，请考虑用自己的技能免费为他人服务，以此换取经验。为朋友和家人工作，他们可以包容你的错误。然后寻找其他客户，拓展你的人脉，寻求反馈。为自己工作。一旦你对自己的某一点有了信心，就再进一步，继续提升这方面的水准。巩固专长的另外一个方法是向他人教授你所学到的知识，无论是面对面的授课，还是撰写文章或者录制视频课。这些方法可以帮助你强化学到的内容。

你不需要在所有领域都成为专家：这是不可能的，所以你必须谨慎选择。选择那些有人才需求而你又有浓厚兴趣的领域。对于你有天赋并乐意花时间去学习的事情，要加倍努力，而对于专长之外的领域，要依靠他人，寻求帮助。你可能在某个领域具备了洞察力，但是还没有培养出专长。这是指你非常了解相关的问题，但是尚不具备解决问题的技能。没关系。如果你更想成为一个通才而不是专家，那么你可能需要在你有好点子的领域找到一位有技术专长的联合创始人。这其实是不公平优势的一个要点——没有人会集所有不公平优势于一身。如果你缺少相关的专长，那么可以寻找符合条件的联合创始人或者创业初期员工作为弥补。

最后，不要惧怕自己的知识领域横跨两个或者多个学科。我们在第 8 章已经提到，跨学科思考往往是创造力的源泉，所以不要把思维局限于某个学科或者某种专业知识。广泛地涉猎各种知识有助于我们创造更大的价值。

第 11 章 地位

"更多时候，社会奖励的是功绩的外在表现，而非功绩本身。"

——弗朗索瓦·德·拉罗什富科（François de La Rochefoucauld）

以下是阿什分享的他自己的一段求职往事。

我参加了一次面试，面试的公司在业界地位颇高，那个岗位我也憧憬已久。我认为面试进行得很顺利，因为我在面试中证明了自己就是这个职位的完美候选人。但是公司的首席执行官看了看我的简历，说道："阿什，我也不知道我该不该录用你。我觉得这个岗位适合比你年长的人。"

那时我 22 岁，自学了如何从零开始创建网站。离开家乡外出谋职，除了背包里的几件衣服和口袋里的 60 英镑外，我一无所有。我创建了一个电子商务网站，把鞋子卖到了世界各地，随后出售了该网站。

在我来这家公司求职之前，很多人表达过对我的看法。他们认为我雄心勃勃、出类拔萃，过往经历令人印象深刻。现在，因为我出生在了"错误"的时间，一切都变得毫无意义。

这是不公平的，他们怎能因为年龄而将我拒之门外？他们怎能对于我此前的成就置之不理？

我拿回了自己的简历。在顶部的个人信息部分，我看到了不符合公司要求的那一行：年龄 22 岁。我用红笔把它划掉，然后改为：年龄 ~~22 岁~~ 32 岁。

"现在行了吧？"我问道。

你的地位就是你的个人品牌，它指人们如何看待你，你在社会中所处的位置，你的外表、性别、年龄、衣着、站姿、谈吐。它也指你在社会中的可信度。阿什因为年龄小，险些被公司拒之门外，那是因为公司考虑到了他的地位问题——他能否得到足够的尊重，在别人眼中他是否拥有足够的智慧去领导他人。阿什划掉自己的真实年龄，只是想告诉对方，年龄只是数字，他的自信、成就和经验才是真正使他成为完美候选人的原因。最终，阿什还是得到了这份工作。

社会地位高的人总是令人瞩目。人们希望能够与他们见面，建立人际关系，有机会与他们相处。

我们总是把地位与受欢迎程度或者知名度联系起来。上学的时候，同学之中，谁最酷，谁就最有地位。成年以后，地位通常是成功的象征，是受过良好教育的标志，是响亮的职业头衔和令人艳羡的工作。地位与你的人脉和大家如何看待你息息相关。社会学家将地位定义为大家眼中你相对于别人的社会价值，换言之，你可以为大家贡献什么。

其实这种定义针对的是外在地位，除此之外，还有内在地位。内在地位体现了我们如何看待自己，其实就是我们的内在心理。内在心理可以通过提升我们的自信与自尊来影响我们留给他人的印象，从而极大地提升我们的外在地位。

我们现在说说外在地位。

外在地位

在大多数社会中，人们认为医生的地位高于护士，首席执行官的地位高于实习生，亿万富翁的地位高于需要依靠政府救济生活的单身母亲。同样一个人，开着一辆宾利或者兰博基尼这样的豪车和开着一辆外壳生锈的旧车相比，大多数人会认为前者的地位远高于后者。这是社会现实，我们先不讨论其对错。

我们对于某个人地位高低的判断反映的是全社会的共同信念。正因为如此，地位这个概念充满了假设、偏见和无意识的成见。这是一种普遍存在的现象，而不仅仅是社会表层现象。家庭中负责料理家务的一方付出的无偿劳动没有得到广泛的认可，女性经常会面对这种情况。

地位还与权力密切相关，因为随着社会地位的提高，获得的声望、荣誉和尊重也随之提高，影响力也随之增强。

地位越高，获得的关注越多。地位越高，具有的影响力越大。你在社交媒体上有大量的关注者，可能是因为你身居高位，或者因为有大量的关注者，你的社会地位得以提高。要拥有较高的地位，不见得一定要在社交媒体上有大量关注者。如果你的职业在你所处的文化中极具声望，或者你为地位较高的品牌工作，那么你自身的地位也会得到提升。

你是否注意到，在有关创业公司创始人的报道中，如果有人出身地位较高的公司或者学府，他们总会不遗余力地提及此事？比如，你经常会读到这样的报道，"前谷歌公司雇员某某创立了一家新公司""高盛公司前董事加入该团队""斯坦福大学的辍学生创立了一家创业公司"。你是否思考过为什么？

提升社会地位的方法多种多样，本章讨论的内容是如何理解地位的力量，了解地位的不同形式、不同背景，最终分析如何充分利用你的现有地位。

切记，地位是他人认为你在为其增加价值方面具备的能力。价值的形式可以是智慧、娱乐、传播正面情绪、解决问题、化解困难、行为很酷、衣着时髦、心怀抱负、有吸引力或者为人风趣。在某些社会中，当涉及"社会阶层""种族""性别"等问题的时候，情况会特别复杂，需要考虑很多因素。另外，在特定情况下，我们都会有属于自己的社会地位。

作为创业者或者有创业抱负的人，在某种程度上，我们创业的"原因"和动机通常与想提高社会地位有关。虽然从心理层面来看，这种动机称不上健康，但是现实是大多数人努力争取成功，是为了让自己在他人心中或者自己心中变得更加重要。

地位可以以头衔、级别或者资格等形式呈现，比如理查德·布兰森爵士和艾伦·休格爵士；可以是名校的一纸文凭；可以是在名企的工作经历；可以是性别、社会阶层、身高、种族、肤色、审美观、财富、谈吐；可以是口音、佩戴的手表、驾驶的汽车；可以是自己大名鼎鼎，有身居高位的朋友，属于某种亚文化，或者仅仅是让别人觉得你很"酷"。

这些都是大多数人下意识寻找并做出反应的社会信号。人是一种社会性动物，总是试图找到自己在图腾柱上（社会等级制度）的位置。

举例来说，在大多数文化中，年龄大就代表具有经验与智慧，并且会因此得到尊重。即便在西方社会，年长也往往是一件好事，比如在求职的时候，这意味着更高的地位，正如本章开头阿什的经历。然而，在科技创业文化中，年轻似乎更受尊重，因为年轻人对于最新的趋势更为了解。

知名社会学家皮埃尔·布尔迪厄认为地位由三类资本组成：经济资本、文化资本和社会资本。

我们已经在第 7 章中讨论过**经济资本**，它是金钱、资产和财产等具体的有形财富。

文化资本与我们的社会阶层（甚至是所处的亚文化）有关，体现出社会阶层的是我们的口音、资历、品味、爱好、消遣方式、说话方式、着装方式、肢体语言、私人物品等。

举例来说，根据英国社会流动性委员会（Social Mobility Commission）在 2016 年的一项研究，那些穿棕色鞋子参加面试的毕业生最终都错失了伦敦金融城那些顶级投行的工作机会。对于熟悉银行业的人来说，这算不上什么令人震惊的新闻。为什么没有穿黑色鞋子而是选择了棕色鞋子就是致命的低级错误呢？其实就是因为单纯的势利，别无其他。雇主有一套着装潜规则，只要触犯这些规则，就好比发出了明确的信号，表示求职者的出身并不优越，或者说来自较低的社会阶层。《伦敦标准晚报》曾报道："专家发现出身工薪阶层的应聘者无论自身多么聪明，都经常在求职时吃闭门羹，因为他们并不熟悉那套'隐晦难懂'的着装要求。然而，富家子弟因为成长环境的原因，早已对此谙熟于胸。"

这类事情比比皆是。这就是精英主义大行其道的鲜明例子，公司以应聘者能力之外的内容判断应聘者是否"契合公司文化"，这样机会始终被留给出身社会上层的人。该报道还补充说："一位出身平平的求职者被应聘的银行告知，虽然他的着装'非常帅气'，但是'不太适宜'，他的领带'太花哨了'。"报道还强调，英国银行的招聘对象往往来自少数几所精英大学，比如牛津、剑桥和伦敦政治经济学院。

社会资本是地位的第三种形式，它指的是我们的各种人际关系，即人脉。之所以把社会资本划入**地位**范畴，是因为你认识的人是你的地位的一部分。（因此，人们经常会在谈话之间提到自己认识某位社会地位较高的人，比如某位名人，以此提升自己的地位。）你的人脉指的是与你有联系的人，这些人可以帮你打开机会的大门，为你提供高价值的见地和信息，可以作为你的盟友或者潜在的合作者。为别人增加价值，寻找彼此的共同点，积极社交，这些都是拓展人际关系的有效途径。所谓人脉，就是这些人会接起你的电话，回复你的邮件，和你边喝咖啡边讨论问题。

地位有何有趣之处呢？MILES 框架的其他支柱都可以帮助我们提升自己的地位。一方面，作为社会性动物，我们的地位几乎影响着我们的所有社会活动。另一方面，我们的所有社会活动也影响着我们的地位。

阿什在英国伯明翰长大，从大专辍学，没有上大学。他的父母作为第一代移民，不认识科技行业的从业者，无法给他指导或帮助。在他的创业之旅开始的时候，他的社会资本、经济资本和文化资本都相当匮乏。阿什能够提高自己地位的主要方式是发展自己在数字营销和增长战略方面的专长，因此他成了 Just Eat 的首任营销总监。

你甚至可以仅仅凭借你在位置方面的优势便拥有更高的地位。前面提到了英国创业投资节目《龙穴》中的企业家评委詹姆斯·卡安，他是一位成功的创业者和投资者。在创业之初，他特意将公司地址选在伦敦的梅菲尔地区（该地遍布富人和有影响力的人），以此向他人暗示自己已经获得了成功。

科利森兄弟（见第 8 章）从小就显露出过人的智慧。通过在哈佛大学和麻省理工学院就读——即使后来退学——他们不仅在简历上增加了名校就读经历，还拓展了自己的人脉。因此，教育提升了他们的地位。

同样，金钱与经济实力密切相关，所以它显然能提升我们的社会地位。我们是否展示自己的财富，这会让别人对我们的看法截然不同。阿什自己就有切身体会，因为创业带来的丰厚收入让他有了足够的资金，所以他去买了一辆保时捷，人们看待他的目光立刻发生了变化。

顺便说一下，露财炫富在不同的社会背景和文化中价值不同，所以并非总是好事。事实上，许多地位较高的人会千方百计地淡化大家对其财富的印象，英国的上层阶级甚至硅谷的亿万富翁都是如此。

偏见和无意识的成见

因为地位与他人如何看待我们以及我们如何看待他人密切相关，所以令人遗憾的是，地位总是与有意识或无意识的偏见和成见密不可分。有时，人们只是根据你的肤色、种族、性别、年龄、口音、宗教信仰、性取向、名字或者你所发出的表明所在阶层和亚文化的信号，就会对你产生成见。以这种方式看待他人纯粹是出于成见或者偏见，这是一种令人无奈的社会现实。

如果你的言谈举止像一位出身中上级阶层的白人黑客，而且你又是从哈佛大学辍学，那么不仅你的创业想法能获得投资人青睐，在筹措资金的时候机会更大，而且在寻找联合创始人和吸引高质量团队的时候，成功的概率也高于他人。

社会就是以这样的模式识别着每一个人，这种方式看上去并不公平。

前述的这些特征并不是成功的保证，它们不是万能的，也不起决定性的作用。但是不可否认的是，这些特征确实有用。

如果你认为自己并不具备地位这种不公平优势——既不是出身中上级阶层，又不是白人黑客——这也是一个好消息。作为"局外人"，你所具备的洞察力通常是前述容易成为创始人的那些年轻人所不具备的。换言之，和其他不公平优势一样，地位也是一把双刃剑。

此前大家看重的只是公司的财务状况，而现在大家也认识到了多样性和包容度，因为员工持有不同的观点，来自于不同的亚文化，这已经成为公司成功的助力因素。多样化不单指种族或者性别的多样化，尽管公司员工的种族和性别确实应该具有多样性。在不同的社会中，我们还要考虑其他很多多样化的因素，比如社会经济背景、民族、宗教信仰、性取向和政治倾向等。

差异可以给予我们洞察力。我们此前讨论过，洞察力是极其巨大的不公平优势。

我们在特里斯坦·沃克和他创立的美容品牌的例子（见第 8 章）中已经讨论过这一点。他能够找到未被满足的需求，原因非常简单——他本人就是非洲裔美国人，问题对他来说如此显而易见。

另一个例子是美国知名内衣品牌 Spanx 的创始人萨拉·布莱克利。自身的性别帮她发现了女性切实存在的需求，让她具备了独特的洞察力。下面是她的故事。

萨拉·布莱克利——利用外在地位

Spanx 是一家价值达到 10 亿美元的"塑身衣"公司，创始人萨拉·布莱克利也已经成了亿万富翁。从她不可思议的成功故事中，我们可以看到勇气和决心，当然也有运气。

萨拉在美国佛罗里达州的一个中产家庭长大，父亲是一名律师。萨拉毕业于佛罗里达州立大学的法律传播专业，她曾经想过女承父业，成为一名律师。

然而，她成为律师的道路在一开始就遭遇了失败。首先，尽管尝试了两次，但她还是没能通过美国法学院入学考试。随后，她只能降低目标，希望在迪士尼乐园谋得一份扮演动画人物高飞的工作，但是也未成功，因为她的身高不够。接下来，她甚至尝试了很多人望而却步的事情：脱口秀演出。不过，这种尝试依旧以失败告终。

最后，她找了一份销售工作，挨家挨户销售传真机。这份工作的经历称得上残酷。在长达七年的时间里，萨拉几乎每天都要面对他人的拒绝。有人毫不留情地挂断她的推销电话，有人当面撕掉她的名片。

这份工作是否有好的一面呢？有的，那就是磨炼了萨拉，帮助她养成了坚韧不拔的性格，以及将"拒绝"转化为"同意"的能力，并且以此作为自己职业的核心能力。后来的经历证明，这种能力对她来说非常有用。

"这是非常好的生活历练，"萨拉说，"我必须学会说话简明扼要，告诉客户产品的益处。"

萨拉对于这份工作并不满意，她渴望得到更多。

有一天，萨拉的心情低落至极。她把车停在路边，内心非常痛苦。她再也无法忍受他人的拒绝，无法忍受人们在她面前摔门而去的行为。她决定辞职。

"那天晚上，我回到家里，在日记本上写下了这样的文字：'我想发明一种可以销售给数百万人的产品，这种产品必须让所有用户感觉非常舒服。'我真的有这样的想法，我祈求上苍赐给我一点灵感，让我为世界带来这样的产品。"

这表明萨拉确实有着非同一般的愿景。她决心要实现远大梦想，获取巨大成功，而且是足以让她登上奥普拉的节目接受采访的成功。

实际上，她在大学时期的愿景和梦想就是登上《奥普拉脱口秀》，坐在嘉宾的沙发上接受奥普拉的采访。虽然她不知道如何才能实现这样的梦想，但是这个愿望早已深深埋藏在她的心底。起初，她觉得自己能成为律师，然后接手某个知名案件，从而实现这个梦想。后来，她觉得自己的脱口秀表演能够成功帮助她成为奥普拉节目的座上宾。

但是，在做销售员的时候，萨拉获得了属于自己的洞察力。由于工作需要，她被迫在佛罗里达州的高温中穿着紧身裤袜。萨拉讨厌紧身裤袜下端包脚的部分，但是喜欢紧身裤袜上部的塑身效果，可以勾勒出更加苗条的身形，而且还避免了露出内裤轮廓的尴尬。她突发奇想，剪掉了裤袜的包脚部分，然后去参加聚会。虽然袜腿整晚都在裤子下面上卷，但是这样的裤袜还是给了萨拉她想要的效果。

萨拉迎来了自己的"顿悟时刻"。这种裤袜不正是数百万女性想要的产品吗？这就是萨拉创业的起点，这种洞察力是男性永远无法具备的，因为它源自女性的切身体验。

为了省钱，萨拉研究了专利申请过程，自己撰写了专利申请书，凭借自己的设计拿到了专利，随后又依靠自己的销售技巧、对成功的渴望、过人的勇气以及 5000 美元的个人积蓄，在没有任何外部资金支持的情况下（她没有进行任何融资）迈向了成功。

萨拉发明了自己的产品后，随即向奥普拉赠送了一个礼包。非常幸运的是，奥普拉特别喜欢，并向所有人推荐了她的产品。萨拉终于梦想成真。

这种幸运极大地加速了萨拉的成长，正是她在事业上挥洒的汗水和内心充足的动力让她实现了自己的目标。

萨拉创业完全是自力更生，她承认这实际上是因为她根本不知道创业者可以从投资人那里筹集到大量资金。她完全不知道存在这个选项。幸运的是，她成功了，并且拥有公司 100% 的股权。这对于已经成长为如此体量的公司来说非常罕见。

许多人认为女性创始人会面对各种困难，所以性别可能是一种劣势，但是我们可以看到，萨拉·布莱克利将这种劣势转化为优势，充分利用了只有女性才能获得的独特洞察力。

有时候，作为少数群体也会让你具备某种地位，比如特里斯坦·沃克是非洲裔，这在美国属于少数族裔；比如你来自白人工薪阶层，说话带有浓重的地方口音，这也会让你在某些地方成为少数群体中的一员；或者像萨拉·布莱克利这样身为一名女性创始人，其实也属于少数群体（虽然女性在整体人口中并不是少数群体，但是在创业公司的创始人中，依旧是少数群体）。我们其实可以将"少数"化为"优势"。这种地位是一把双刃剑，可以让你与众不同，给人留下深刻印象。

最终，我们需要关注的还是如何让公司运作起来。如果你不属于投资人惯常会投资的对象，那么也许你需要更强的增长力，才能吸引他们投资。这并不总是一件坏事。可能最终你可以自力更生创立公司，早期便实现盈利。一切皆有可能。

因此，如前所述，不要总是关注消极因素，或者让消极因素影响你。关键在于了解现实情况，即任何社会都无法提供绝对公平的竞争环境，并且无论面对何种情况，都要积极采取行动，使自己的机会最大化。如果这意味着改变自己的策略，那就行动吧。

我们也要提醒自己，可能会有一些投资人或者风险资本家非常渴望提升投资对象的多样性。这意味着你获得投资的概率反而更大。虽然全社会在固有思维模式和无意识的成见方面已经有所改善，但是我们要明白它们依旧存在，并且可能为我们所用。

文化资本

在争取银行贷款的时候，我们要着正装前往，这样可以增加我们成功的概率。

但是如果你身处硅谷，想要获得投资，身着正装就不太可能成功了。

与此类似，如果你只有 20 岁，那么你很难在银行拿到贷款，但是在硅谷拿到投资的机会大大增加。

为什么呢？

这是因为银行和硅谷属于不同的亚文化。

在银行业，身着正装象征着地位高，态度严肃，但是硅谷的创业公司推崇的是年轻和休闲着装。在这样的氛围里，大家不会选择正装，如果穿来上班肯定会招来同事的笑话。

这就是我们说的发出信号。你会通过衣着穿戴、言谈举止传递信息，表明自己属于某个亚文化或者阶层。

与对方处于同一亚文化或者阶层有助于你们建立关系，因为你们之间可能会存在共同点：对音乐和时尚有相似的品味或者有相似的兴趣和爱好。

第 17 章会讲述可画（Canva）联合创始人梅拉妮·珀金斯（Melanie Perkins）的故事。为了打动一位潜在的投资人，她甚至学习了风筝冲浪，然后参加那位投资人组织的投资人风筝冲浪聚会。结果证明她的努力没有白费。

商业畅销书作家塞斯·戈丁（Seth Godin）认为这是所有营销的基础。他称之为"和我们一样的人都会做这件事情"，即属于同一群体的人会做相同的事情。如果你能利用好人类大脑中的这种群体意识，那么可以影响许多人。

还记得我们前面提到的科利森兄弟吗？他们还是学生的时候就已经创立了自己的创业公司，20岁出头就成了亿万富翁。没错，他们很聪明；没错，他们具有关键的洞察力。但是他们同样具备一种文化资本，这在他们的成功路上提供了些许帮助。地位实际上就是我们在社会中所处的位置、我们的父母所处的位置，以及我们如何看待出现在面前的机会。科利森兄弟的父母就是创业者。

关于父母二人都从科学家转行成为创业者这件事情，帕特里克·科利森是这么说的：

"Entrepreneur（创业者）这个看起来很长、念起来很花哨的词来源于法语。对于很多人来说，这并不是一份令人向往的职业。但是我们的父母就是创业者，所以选择创业对于我们来说顺理成章。"

确实如此。如果在成长过程中，你身边的成年人都是创业者，那么你会觉得创业是很正常的事情。不仅如此，你更能深入地了解创业者。这种无形的不公平优势有时候很难被人察觉——你其实拥有一种"特权"，这让你在生活中拥有更多的可能性。如果你的父母不是创业者，也不认识任何创业者，那么"创业者"对于你来说是一份难以想象的职业。

特里斯坦·沃克本来对创业或者运营公司一无所知，但是他去寄宿学校就读之后，这种情况发生了转变。"我看到了富裕的家庭是如何生活的，"沃克说，"我和洛克菲勒家族还有福特家族的孩子一起上学。我了解了作为名门之后的优势。"沃克了解了地位的力量，也看到了属于自己的可能性。此外，他学会了上层社会的言谈举止，拓展了自己的人脉，很好地利用了自己建立的社会关系。在学校里，每个班只有 14 名学生。学校的设备非常先进，其他设施也是顶尖的，教师的水准自不必说。沃克表示，学校里的学生大多为白人，家境富裕，父母祖辈多为社会精英。在这样的环境里学习和生活，他学会了"在不同的社会群体之间穿梭"。沃克后来说道："这段经历彻底地改变了我的人生。"

我们看到文化资本如何以知识的形式由父母传给孩子。特里斯坦·沃克最初甚至对于硅谷的各种机会一无所知，但是像埃文·斯皮格尔这样的孩子从小就受到鼓励朝着这个方向发展，科利森兄弟在成长过程中便已对创业习以为常。

家庭可以通过其他方式传递文化资本。萨拉·布莱克利说，她的父亲曾经每天在全家一起进餐时都要问子女们当天遭遇了什么失败。父亲总是这么询问，直到大家习惯了每天和他分享自己当天遭遇的挫折。父亲的做法教会了孩子们不要害怕失败，萨拉认为这是她成功的原因之一。

理查德·布兰森也分享过自己小时候的故事。他的母亲在他很小的时候就开始教育他要自立，而且方式会令现在的大多数人感到震惊。举一个特别极端的例子，那时布兰森大概 6 岁，在去祖母家的路上，他在车上调皮捣蛋。母亲对他的惩罚是把他在距离祖母家大约 6.5 千米的地方赶下了车，告诉他自己徒步走过去。

家庭中会有很多不成文的规矩，还有很多隐性知识，都会由父母传给子女。这些规矩和知识也与地位有关。我们前面已经举过去面试穿错鞋的例子，其实孩子受到的影响不只如此，还包括是否知道自己应该申请哪所大学，应该走上哪条职业道路。好的家庭可以让孩子在地位这方面具备诸多不公平优势。

最后，地位同样适用于创业公司的发展。2009 年，Just Eat 从风险投资公司获得 1050 万英镑的投资，才开始在电视上做广告，负责人是阿什。在此之前，阿什作为营销总监的部分职责是与合作伙伴达成合作协议。虽然使用 Just Eat 服务的饭店和客户增长势头良好，但是在签订合作协议方面，Just Eat 还是缺少增长力。各个品牌迟迟不与他们合作，而且对于和"在线订餐"创业公司合作并没有展现出太大的热情。但是在 Just Eat 的广告登上电视荧幕之后，特别是广告选择了在选秀节目《X 音素》（The X Factor）中昂贵的黄金时段插播，情况发生了变化。突然之间，大家开始回复阿什的电话；突然之间，他们想和 Just Eat 合作。这表明地位可以树立品牌，电视广告和相关的推广让 Just Eat 确立了地位，广而告之他们不再是那种潦倒的创业公司。

Just Eat 的合作对象之一就是维珍公司，阿什获邀见到了理查德·布兰森。能够见到世界上最著名的亿万富翁企业家之一，意味着阿什自己的地位也在一夜之间大幅上升。这是社会资本的一种表现形式。你认识谁，与谁有联系，对人们的无意识成见有非常大的影响。

人脉

建立人脉的关键在于积极主动地形成和维持互利互惠的关系。

这句话的关键词是"互利互惠的关系"。

为了更轻松地实现目标，你需要学会如何有效地介绍和包装你的地位，也就是俗称的"个人品牌建设"。

但是注意，这其中有许多陷阱，稍不留神就会显得虚情假意、令人厌恶、善于摆布他人。在试图提高自己的社会地位时，一定要谨慎行事。

强大的人脉意味着你建立了重要的人际关系，可以获得更多的机会、信息和见地，更方便地找到联合创始人、投资人，或者在你需要的时候，能够结识那些可以帮助你创立、发展甚至出售创业公司的人。

强大的人脉还可以为你提供导师、投资人、同行和客户。我们再怎么强调人脉的重要性也不为过。要了解如何拓展人脉，请参阅本书的第三部分。

内在地位

提升内在地位是我们提升外在地位的一剂良方。所谓内在地位就是我们的自尊和自信。"自尊"只是"我喜欢自己"的另一种辞藻较为华丽的说法罢了。无论你自信与否，或者自尊与否，都会对其他人产生影响。他们会有意识或者无意识地接收你的肢体语言、语音语调和行为中的其他微妙线索传递的信号。这就是内在地位提升外在地位的途径。

如果你喜欢自己，重视自己，就能建立较强的自尊心。大家会觉得你自信能干、人缘极好、值得信赖、值得交往。

如果你存在这方面的问题，那么一定要努力喜欢和重视自己。

我们总是听到这样的观点："我一无所成，怎么可能喜欢自己？我对自己的生活状态不满意，我很懒惰，我有拖延症，我很难保持向上的动力，我沉溺于自我否定和自我破坏的行为之中。"

好吧，但是你知道吗？我们其实都是这样。

虽然这并不是什么光彩的事情，但是除了个别异类，几乎所有人都有过类似的负面经历。

请牢记，想要成功，无须完美。

詹姆斯·克利尔（James Clear）在自己的著作《掌控习惯》（*Atomic Habits*）中概括了我们必须采取的微步骤，通过逐渐而耐心地养成新习惯来改变生活。

这是我们自我完善的方法。

我们要清楚自己的目标和价值观。你对自己的生活方式有什么要求？你想留下怎样的遗产？你愿意遵循什么道德准则？

明确这些问题之后，开始采取微步骤逐步实现目标。注意，在逐步改变的过程中，要始终铭记自己的初衷。

你需要在自信与现实之间取得平衡。你需要了解自己在短期内可能达到的极限。我们常常会高估自己在一个月内能实现的目标，而大大地低估自己在十年内能实现的目标。无论此时此刻你处于何种生活状态，都一定要努力爱自己。

如果你觉得自己因为过往的罪过、恶习或者其他原因而不值得爱，那么你要明白，只要你意识到自己的问题，并且愿意改变，你依旧值得自爱。

你会遭遇挫折，但是只要坚持不懈，不断提升自己的自律性和专注度，你就能一步步达到目的。

（童年的一些经历可能导致你受困于破坏性的心理模式。如果你发现自己存在这样的心理模式或者完全不合理的信念，那么要积极寻求帮助。好在现在有很多途径可以帮助你解决心理健康问题，很快你就会感到大家不再对你另眼相看。）

如果你把自己的自爱和幸福寄托于外部世界，那么你需要实现的目标可能不断变化，要求不断提高，你永远无法得到快乐，或者你会感到失望和沮丧，因为你意识到实现外部世界设定的目标并不能填补你内心世界的空虚。无论你现在处于何种位置、什么状态，爱自己、接纳自己都是自我完善的起点。

冒充者综合征

"经常有人说，'所有的创造者偶尔都会觉得自己是骗子'。我的感受是：'天啊，我从来没有觉得自己是骗子……这么说，我真的是创造者吗？'但我转念一想：'算了，别考虑这些了。我很棒！'"

——汉克·格林（Hank Green），创业者、教育家、作家

"我现在到达的高度其实远非我能力所及。"

"我不属于这里。"

"早晚大家会发现我的能力配不上我现在的成就。"

这些想法是否曾经在你的头脑中闪现？

在某种程度上，我们都有过这种经历。

学术界称这种现象为冒充者综合征。你会觉得自己是个冒牌货，是个骗子。你会觉得自己完全配不上自己得到的职位、成就或者赞誉。

自我怀疑是正常的。2007 年，《高等教育纪事报》（*The Chronicle of Higher Education*）的一项研究估计，多达 70% 的人在他们的生活中经历过至少一次自我怀疑。

而且两位作者想说的是，如果你即将走上创业这样一条艰难的道路，那么你产生自我怀疑心态的概率可能会更大。这种情况完全正常，其普遍程度超乎我们的想象。我们看到的往往是他人生活的高光时刻，却看不到其背后的艰辛，所以千万不要把自己的日常生

活与之比较。

事实上在生活中，面对各种各样的情况，谁也不知道什么是正确的选择。即便是伟大的成功故事，也会有很多错误和失败。

我们没法知道别人的脑子里在想什么，只能明白自己的想法。所以我们会有这样的错觉，认为其他人对于人生、工作总是有清晰的规划，而我们自己却没有。

感到自己的能力不够出众，品质不够优秀，配不上自己现在的位置，也属于这种心理。你需要对自己的能力有信心，肯定自己能够做好某方面的工作，然后充分发挥自己的能力，注意经常把自己稍微推出舒适区之外一点即可。这样做可以帮助你更好地建立自信。

凯莉·詹娜——绝不只是普通的名人子女

不管你喜欢与否，不可否认的是，卡戴珊-詹娜家族以他们自己的方式，克服各种困难，成功地将自己本是昙花一现的名气延长到超过 15 年。他们因为出名而出名，几乎不断受到所有专家学者的批评。从商业角度讲，他们必须做"正确"的事情，来保持公众对他们的关注，进而保持自己产生的影响力。

凯莉·詹娜登上了《福布斯》杂志 2018 年 8 月刊的封面，她身着时尚的黑色双排扣西装外套，大家对于这个发色乌黑、嘴唇丰满的年轻女性已经非常熟悉了，封面上的配文是"身价9亿美元的化妆品女王凯莉·詹娜。21岁的她有望成为有史以来最年轻的白手起家亿万富翁"。

注意了埃文·斯皮格尔!

注意了科利森兄弟!

注意了马克·扎克伯格! 马克·扎克伯格曾保持着最年轻的白手起家亿万富翁的记录,当时他年仅23岁。

2019年3月,《福布斯》杂志证实,凯莉在21岁时成为"白手起家"的亿万富翁。

到目前为止,她是卡戴珊-詹娜家族中最有钱的成员。这算得上是里程碑式的成就了,特别是她超越了家族中非常出名的金·卡戴珊。但是很多网民对于《福布斯》杂志的封面颇有意见。

一条来自某网友的评论颇具讽刺意味:"所谓白手起家的意思是不借助他人帮助获得成功。例句:《福布斯》杂志称凯莉·詹娜是白手起家的女性。"

我们来看看凯莉的成长背景。自10岁起,她就出现在知名电视真人秀节目《与卡戴珊姐妹同行》(Keeping Up with the Kardashians)中。卡戴珊-詹娜家族始终是流行文化关注的焦点,总是在电视、小报以及社交媒体上占有一席之地,也不断利用金·卡戴珊的名气巩固自己的地位。金的两个姓卡戴珊的姐妹本身已经出名,拥有自己的一系列产业和项目，覆盖服装、系列化妆品、精品店等。她们的母亲现在已经转型作为她们的经纪人，帮助她们打理生意，并且从业务中抽成。金的两个同母异父的妹妹肯达尔·詹娜和凯莉·詹娜也加入了时尚行列。

刚开始，公众经常将肯达尔·詹娜和凯莉·詹娜混为一谈。但是随着年龄的增长，两人走上了不同的道路。肯达尔超级模特的事业已经初具规模，凯莉则稍稍落后，她没有主流模特行业青睐的纤细、高挑的身材。但是她对经商更感兴趣。

凯莉把精力投入到了社交媒体中，她属于千禧年前后出生的一代人，即 Z 世代，并且她成了这一代人中的社交媒体明星。正因为她自己就是 Z 世代的一员，所以她可以充分利用在这一年龄段非常流行的社交网络软件——"阅后即焚"照片分享应用 Snapchat。

凯莉非常喜欢这款应用，并且逐渐成了世界上 Snapchat 粉丝数量最多的社交明星之一。

就地位而言，凯莉在年幼时参加的热门真人秀节目可谓定义了一个时代的流行文化，她也称得上是世界上最知名的面孔之一。说到她所处的环境，她在卡戴珊－詹娜家族中成长所获得的文化资本是惊人的，母亲是她和姐妹们的经纪人，她们在吸引和保持公众对她们的关注上有着惊人天赋，并且能够将这种关注变现。她们与许多公司合作，极度渴望与她们合作或者通过她们利用其庞大粉丝群体的公司简直数不胜数。

从金钱方面看，凯莉的收入水平令人震惊，据称她出演一集真人秀的价格高达 50 万美元。（她已经出演了 150 多集，这意味着单单依靠真人秀节目，她的收入就已经超过 7500 万美元。）她在社交媒体上发表的每篇帮助品牌宣传产品的文章都能获得大约 100 万美元的报酬。她自己的系列时装和代言协议也带来了数百万美元的收入。她可以随心所欲地参与商业活动，而不需要以任何形式、方式或者途径拿自己的财富冒险。

从内在地位来看，多年以来一直生活在聚光灯下，让凯莉建立了自信，但是她确实有一个心结。据说有同学嘲笑她的嘴唇。与卡戴珊家的大姐相比，她的嘴唇要薄很多。

同学的嘲笑导致了她的不安全感，也让她在年仅 15 岁的时候就做了嘴唇填充术。

她的这一行为进一步导致了大家对丰满嘴唇的向往，还有许多十几岁的女孩（以及一些男孩）参与到了"凯莉嘴唇挑战"之中，内容就是找一个空饮料瓶，对着瓶口用力嘬，直到嘴唇肿起来。在 15 岁的时候，凯莉的地位和影响力就已经达到了这种程度。

凯莉没有填充自己的嘴唇之前，其实就已经掀起了使用化妆品让自己嘴唇看起来更加丰满的潮流。凯莉注意到其他人在效仿她，所以在 2015 年时，她和诸多化妆品经理以及商业顾问一起提出了销售"凯莉唇彩套装"的想法。他们与一家非常有经验的"白标"化妆品公司合作，最初的计划是推出 15 000 套唇彩套装。凯莉投入了 25 万美元，推动该项目的发展。

在预售阶段，她就已经在社交媒体上把唇彩套装推销给了自己数百万的粉丝。据报道，15 000 套唇彩套装在一分钟内就销售一空。

随后品牌更名为凯莉化妆品（Kylie Cosmetics），在 2016 年年初再次启航，并在 24 小时内就售出了价值 1900 万美元的产品。整个品牌的业务价值数百万美元，凯莉选择使用在线电商平台负责销售和履行订单，除此以外的其他业务仅由 12 名员工处理，其中只有 7 人为全职员工。

凯莉在很小的时候就心怀远大愿景。早在 2015 年，那时她尚未推出自己的唇彩套装，在接受《采访》（Interview）杂志采访的时候，她说："如果我可以尝试一些我想尝试的事情，我就会开创一个成功的化妆品系列。我希望能创立更多的公司，做个成功的女商人。"在此之前，人们还罕有听说过唇彩套装，但是几周之后，凯莉就推出了自己的产品。

在推出同名化妆品公司后，凯莉利用她忠实的粉丝群和强大的社交媒体平台，使该品牌成为美容行业增长最快的公司之一。《福布斯》杂志称，自创立以来，凯莉化妆品公司已售出价值超过 6.3 亿美元的化妆品，其中仅在 2017 年这一年，销售量据估计就已达到 3.3 亿美元。综合其所有利润，《福布斯》杂志估计仅该品牌就价值近 8 亿美元，而且凯莉依旧保持对公司的独立所有权。也就是说，该公司从未进行外部融资。这家化妆品公司的利润并非凯莉的全部收入，她的其他收入来源还包括产品代言费、《与卡戴珊姐妹同行》的录制费用、Kendall + Kylie（肯达尔 + 凯莉）服装系列的收入，以及与彪马（Puma）的合作。

凯莉认为关注她的一亿多社交媒体粉丝是她成功的关键。

凯莉说："社交媒体是一个很棒的平台，我可以非常方便地接触到粉丝和客户。"

我们可以看到，凯莉拥有巨大的不公平优势。我们在第 9 章中提到了胡达·卡坦的故事，她的创业公司经营的也是化妆品，同样获得了空前的成功。对比两人的经历和她们各自的不公平优势，你会发现很多有趣之处。

将地位作为你的不公平优势

我们应该如何利用地位优势呢？

我们至少应该对自己是否具有较高的社会地位有基本的认识。我们清楚自己的背景和经历，所以清楚我们是否享有"特权"。

如果你确实在某一方面有较高的地位，那么一定要在必要的时候突出这一点。如果你曾经就读于名校或者供职于某家知名公司，那么要确保它出现在你的领英简介或者简历中，或者在融资演讲的时候提到这一点。不要淡化此类成就。

但是如果你想保持良好的人际关系，不让朋友们疏远你，注意避免经常强调或者吹嘘自己的地位。吹嘘自己的地位会适得其反，反而会降低自己的地位。地位绝不是依靠大声宣传得来的，我们需要保持谦虚。在不同的文化和亚文化中，对于自我吹嘘的容忍度也不同。

如果你天生为人谦虚，那么就应该大声说出自己的成就；如果你在没有必要的时候总是提及自己的成绩，那么应该管住嘴，因为即便深藏不露，只要你有过硬的成绩，大家早晚也会知道，那时得到的地位认可比你自己说出来要高得多。

如果你从本章提到的地位的几个方面衡量，发现自己都不具备较高的地位，那么也不要绝望。你要意识到自己可能会面对的偏见，然后了解你想融入的群体的文化准则。最重要的是，记住你的每一方面（不仅仅是你的家庭背景）都决定了你能带来何种价值：你的个性、思维模式、教育背景、洞察力和所处位置。

另外，不要忘记内在地位也非常重要。你的自信和自尊会大放异彩。一定要努力喜欢自己，建立坚定的信念。记住，每个人都会有感到不自信或者力所不及的时刻，每个人都会有冒充者综合征，你必须克服这种心理。有力地回击自己内心的批评之声，强迫自己走出舒适区。这样做能够有效地帮助你建立自信，逐渐在内心培养对于自己智慧的信心。

事实上，对于地位而言，最重要的是首先发展你的内在地位（你的自信和自尊），而不是你的人脉或者专长。后两者决定了你将在创业公司中扮演什么角色，强大的人脉对商业联合创始人来说是更为有利的条件，而专长对技术合作伙伴来说更重要。但是无论是联合创始人还是合作伙伴，想要成功，都必须有自信。商业联合创始人和技术合作伙伴相结合，才能催生强大的管理团队，这也正是投资人寻找的公司特质。

我们需要记住他人成功的方式，了解他们在踏上成功道路之前具有怎样的地位。不要因为别人在地位方面具有不公平优势就获得了成功而感到气馁，我们要透过现象挖掘他人成功的根本原因，并且为己所用。

地位是一把双刃剑

地位较低可以成为一种动力，推动你依靠自己做出一番事业。

想一想前文提到的奥普拉·温弗瑞和萨拉·布莱克利，想一想理查德·布兰森步行6.5千米去祖母家的情景。很多创业者并非出身名门，并不具备相关的优势，但是他们利用这种缺乏认可来激励自己，增强自己的内在动力与自信。

当你身居高位的时候，情况又会如何？你可能丝毫不接地气，对现实情况或者说普通人的生活毫不了解。我们很容易就会沉迷在自己拥有的"特权"和上苍对我们的眷顾之中，完全忘了幸福的生活其实并非通过自己的能力获得。

第三部分

快速创业入门指南

当你确认自己具备某些不公平优势并且以此为基础展开行动的时候，你的创业公司会顺势破土而出；你的计划会直击客户的痛点，因为你能够很快得到做出调整所需的反馈；你的创业公司将如同旋转的车轮一般获得它所需的增长力。平凡的生活会因此而不同。

第12章 动机

"辞了工作，开家公司！当自己的老板！做一名创业者！"

我们总是听到类似的话，我们总被鼓励自主创业。

可惜这些人没有告诉我们创业这事儿有多困难。

在这个属于社交媒体的时代，我们很容易看到故事美好的一面。人们总是会隐藏自己此前的失败，隐藏自己当老板会遇到的困难。

受雇于人其实也有好处。我们的生活相对稳定，而且可以预测。

既然你已经拿起了本书，我们猜想你可能和我们这些特别疯狂的家伙一样，即便要面对失败和损失收入的风险，即便要面对重重困难和各种压力，即便要付出百倍的努力，也依旧想给创业一个机会，想要有一次这样的经历。

现在，你已经知道创业的成功与生活中其他任何重要的成功一样，都是努力和运气共同作用的结果。你已经知道，我们的竞争环境并不公平，也绝非唯能力论。就像生活并不公平，商场也是如此。在创建和发展自己的创业公司这方面，有些人就是拥有先发优势。你也知道了，尽管竞争环境并不公平，但是我们每个人都具备**不公平优势**。即便我们在很多方面看起来处于劣势，但是只要有正确的思维模式，实际上可以将劣势转化为优势。你也知道了思维模式、性格、金钱、智力和洞察力、位置和运气（在正确的时间出现在正确的位置）、教育和专长以及地位可以奠定工作和创业成功的基础，而且发挥的作用不容小觑。你也知道了如何拥有正确的心态，在鼓舞自己的同时仍旧能够面对现实，认识到没有人能够完全掌控生活中所有事情的结果，要努力避免被失败摧毁。

在本书的第三部分，我们会指导你创立创业公司，确保你能够将成功机会最大化。我们从最重要的问题着手，即你的"动机"。

其实创业失败的缘由经常是没有认真思考自己的"动机"。为什么要创业？为什么要走上这条前途未卜的艰辛之路？为什么不选择受雇于人？毕竟那条道路大家已经非常熟悉，前途也非常明朗。

你会觉得两位作者是创业者，又写了这本与创业有关的书，肯定会毫不犹豫地鼓励你创业。

然而，正如医学服务日趋个性化，甚至会根据每个人独特的 DNA 定制专属治疗方案一样，我们认为对于是否适合创业，也要避免给出一刀切式的建议，要更多地考虑你的个性和具体情况。我们在第二部分中已经帮助你确认和分析了个性、思维模式和你目前所具备的资产，即 MILES 框架中的各个元素。

如果你天生敏感，换言之，你极易焦虑，那么创业可能并非明智之选。虽然对于是否适合创业并没有硬性规则，但还是有些"指标"能够提示我们自己是否适合创业。每种性格特征都是优缺点并存的。你可能很善于发现潜在的问题，可以成为创业公司的二把手，比如可以成为在主要创始人创立公司之后加入的联合创始人或者早期员工。

你需要思考：为什么创立创业公司？为什么选择创业或者选择为他人工作？你想获得什么，实现什么，避免什么？动机就是这么起作用的——就是我们经常听到的"胡萝卜和大棒"。我们把胡萝卜放在驴子面前晃动，因为想吃胡萝卜，所以驴子会继续前进；也可以换种方法，用大棒打它，驴子怕疼，同样也会前进。胡萝卜是努力争取的回报，大棒是要避免的痛苦。虽然我们觉得自己已经非常成熟，但是这种动机依旧会准确地在我们身上应验。

心理学告诉我们，对于大多数人来说，远离痛苦的动机（大棒）实际上可以提供更加强大的动力。

阿什从小就目睹了父母在条件艰苦的工厂里努力工作，为了微薄的薪水打拼，因此产生了动力。他不希望自己继续过这种生活，希望自己的生活能免于匮乏。他讨厌自己也像父母一样经济拮据，特别是在涉及金钱的选择时，难有自己的自由。他也渴望向亲朋好友证明即便自己没有读大学，依旧可以成功。另外，他之所以选择创业，也是为了追寻自己的梦想。在作为员工的时候，大家都觉得他特立独行，他绝不是只知道听从指令、遵从规矩。对于任何工作任务，他都不会循规蹈矩，而总是有创新思维。所以创业是他最好的选择，能够给他最大的发挥空间。

总体来说，阿什的动机主要来自摆脱自己成长过程中存在各种限制的生活模式，而不是被劳力士和法拉利这样的地位象征所吸引。后来阿什的"动机"主要是为了回馈社会，希望把自己的机会分享给贫困人群。肩负起影响社会的使命成为他的主要动力。

对于哈桑来说，他的动机是不受老板的约束，能够享受随时随地工作的自由。哈桑希望能够专注于自己关心的工作，从中收获满足感。他想让更多人了解创业能够带来的自由和刺激感，以及创业可以创造的积极的社会影响。他想说服大家如果并不满足于现在这份不能充分发挥自己才能和热情的工作，那么可以选择创业，而非裹足不前。

你的动机可能会与两位作者有相同之处。或许，你想拥有名声、财富、浮华、魅力以及炫目奢侈的生活，或者想帮助社会、改善环境。无论你抱有怎样的动机，其实都没有对错之分。

我们都有高级自我和低级自我，合理协调动机最好的办法就是使得自己的动机既照顾到低级自我的需求（比如以某种方式生活，获得认可、金钱、地位、自由），又兼顾高级自我的需求（比如帮助他人、分享机会、助人脱贫、拯救生命、改善环境、推广教育）。

虽然"动机"没有对错之分，但是需要注意，如果你努力的动机只是寻求地位的提升和别人的认可，那么即便最终实现目标，可能也不会快乐。以寻求他人认可为目的的成功是非常空洞无力的。

我们需要层次更高的内在动机，才能真正获得幸福感和满足感。

我们需要自己来定义到底什么是成功。如果你不把这个问题思考清楚，那么好莱坞、媒体、朋友、家人、同事就会插手帮你定义，更不要提无孔不入的社交媒体了。你只能按照他们树立的成功标准前进，苦苦追寻他们设定的标准。而且这个标准会不断提高，你永远不会感到幸福。如果你能自己定义成功，而且这个定义并不关注外部的衡量标准，比如达到一定的净资产，或者去任何地方都可以坐头等舱，而是更加关注内在和更高层次的需求，比如帮助他人，或者像乔布斯说的"在世界上留下自己的足迹"，那么这种目标更加贴近实际。在制定成功标准的时候，我们需要更多地关注过程而非结果。很多时候，事情的结果是我们无法控制的，因为凡事都有运气因素，但是我们可以控制自己的行动和事情的过程，按照自己的价值观和目标做正确的事情。

不要被社会上的各种成功象征所迷惑，比如跑车、私人飞机、名牌服装、高级餐厅、海外度假，不要把它们和真实的成功混淆。真实的成功是幸福感、满足感、自我实现、成长、学习、为他人增加价值、对社会产生积极影响、能够自由地与我们爱的人共度美好时光。

道理浅显易懂，付诸实践却很难。但是，我们只要时刻牢记前面的内容，就能避免很多负面情绪，也能避免没有实现所设想的目标或者实现目标后发现自己仍然不快乐所造成的认知失调。

现在，你应该深刻认识到了什么才是真正的成功和幸福。让我们从指导理念转向实践。在接下来的几章里，我们会教你如何采取切实可行的步骤，大大提高创业成功的概率。即使你决定放弃创业，转而成为创业公司的早期员工，下面的建议也依旧是非常有价值的知识，因为它们可以帮助你选择加入哪家创业公司。以阿什为例，虽然没有得到高薪，但是他拿到了股权。创业公司的股份只有在创业公司不倒闭的情况下才有价值（倒闭其实是大多数处于早期阶段的创业公司的结局）。如果你做出了正确的选择，那么可以获取丰厚的报酬，甚至实现终身的财务自由。

你可以用后面的建议作为评估自己该为哪家创业公司工作的标准，也可以将其用作投资哪家创业公司的标准（如果你拥有金钱方面的不公平优势）。在前文中，我们讲解了评估你所拥有的不公平优势的 MILES 框架（如果你是投资人，也可以用来分析创始人拥有哪些不公平优势）。后文给出的建议与 MILES 框架配合使用，能够最大限度地提高你成功创业或者正确选择创业公司的概率。

你所选择的创业公司类型不仅会对你的成功机会（由你的不公平优势决定）产生巨大影响，还会对你的生活方式产生影响。在第 13 章中，我们将讨论两大类型的创业公司：生活方式型创业公司和超高速增长型创业公司。

举例来说，作为超高速增长型创业公司的创始人，你很难平衡工作和生活，几乎需要告别社交生活，不能再拥有个人爱好或者做其他类似的事情。创业公司的事业就是你生活的全部。

虽然生活方式型创业公司依旧需要面对高强度的工作，但是并不会像超高速增长型创业公司那样紧张。此类公司并非像超高速增长型创业公司那样，要么取得巨大成功，要么彻底失败，非此即彼。生活方式型创业公司成功的概率更高，可能不太需要融资，但是也不可能让你变得特别富有。

你的"动机"（目标）加上你所具备的不公平优势，有助于确定你应该瞄准哪种类型的创业公司。

第13章 类型

生活方式型创业公司

生活方式型创业公司（或称生活方式型企业）这个名字的由来是因为其创立初衷是为了维持某种生活方式。这可能是维持一定的收入或者工作计划。此类创业公司的增长都会受到限制，可能是创始人刻意设计的原因或者由本地市场或细分市场的特性所决定的。生活方式型创业公司通常不需要外部投资人。

举例来说，会计师事务所、律师事务所、营销机构和咨询公司等专业服务机构通常会保持较小的规模。这是因为为了服务更多的客户，就需要更多的人手，唯一的方式显然是雇用更多员工，但这样做无疑会导致昂贵的人力成本。因此，这些机构通常只会以面对面的传统方式服务本地客户。

再举一个例子，某个创业公司在网上销售小众运动的装备。从

事这项运动或者说对该项运动感兴趣的人只有 10 000 人，这 10 000
人就是该创业公司的潜在市场规模（total addressable market）。这种
创业公司就属于生活方式型创业公司。

因为在社交媒体上拥有一些关注者，所以某个健身教练决定推
出自己的服装品牌和蛋白奶昔产品。这属于哪种创业公司呢？答案大
概率是生活方式型创业公司，因为该公司只依靠一个人，除非这个人
是影响力巨大的社会名流，否则其影响力不足以让公司达到足够的规
模，也不需要超高速增长的硅谷式高科技创业公司所需的运作模式。

在创业圈，"生活方式型创业公司"这个词往往包含贬义。谈
到这样的公司，某些人总是嗤之以鼻。这是因为投资人对此类公
司毫无兴趣，他们往往会选择那些"一步登天"的创业点子。这
些创业点子的目标是颠覆整个行业，或者成为像爱彼迎、Just Eat、
Revolut[1] 这样价值超过 10 亿美元的独角兽公司。这是风投界的商业
模式：投资大量具有超高速增长潜力的创业公司，虽然大部分公司
会失败，但是只要一两家能够真正做大做强就能获取丰厚利润。

前文提到的传奇风险投资公司安德森－霍罗威茨基金的联合创
始人马克·安德森（Marc Andreessen）曾表示，他们每年投资的创
业公司有 200 多家，而其中约 7.5% 的公司产生的经济回报占到投资
总经济回报的 95%。换句话说，只有少数超高速增长型创业公司能
够成功，其余则举步维艰。超高速增长型创业公司的结果往往具有
二元性：要么大获成功，要么彻底失败。

---

1 Revolut 是英国的一家金融技术公司。

相比之下，生活方式型创业公司的结局是"非二进制的"，即并不是非 1 即 0。此类创业公司的结局不是简单的成功或者失败。比如，创业获得了成功，公司也在盈利，但是你的收入比你为他人打工的收入还低。当然也有可能你的公司每年的生意规模可以达到 1000 万英镑，而且自己也有不菲的收入。

生活方式型创业公司要实现盈利，而不是长期"烧钱"。"烧钱"会让你处于亏损状态，出现赤字，而赚钱会让账面有盈余。生活方式型创业公司追求的是挣钱，亏损是绝对不行的。

有些生活方式型创业公司属于地方性企业，只为有限的地理区域内的客户提供服务。（例如，我们没法在线检查牙齿，或进行牙齿的深度清洁——至少现在还不行。）另一些生活方式型创业公司可能更小众（为有特定爱好的客户服务，或者为从事特定业务的客户服务）。换句话说，这类公司的目标市场通常较小。

下面是一些生活方式型创业公司或商家的例子：

- 牙科诊所
- 服装精品店
- 餐馆
- 烘焙店
- 建筑师事务所

你或许会发现一件非常有趣的事情：它们绝不会有激进的想

法，也没有令人兴奋的新点子，而只是按部就班地缓慢发展，除了复制粘贴式的扩张，规模非常有限。实际上，我们谈到的"创业公司"通常并不涉及这些传统企业，而主要与科技创业公司、硅谷、手机应用、网站还有那些高科技小工具相关。

然而，我们可以从创业的角度看待任何一家小型公司。许多从事数字业务和科技业务的创业公司实际上是生活方式型创业公司。下面就是几个例子：

- 移动应用开发公司
- 社交媒体营销机构
- 搜索引擎营销咨询公司
- 视频网站喜剧频道
- 在线新闻媒体公司
- 细分市场软件和应用程序创业公司
- 在线 T 恤衫销售公司
- 在线联盟营销和代销公司

这些生活方式型创业公司不受地域限制，服务于小规模市场，提供的往往是数字产品或服务。它们所能服务的市场有限，通常不具备成为超高速增长型创业公司的潜力，因此不会引起投资人的兴趣。这本质上是因为没有足够大的蛋糕让投资人分一块。

规模非常大的公司也可能属于这类创业公司，比如阿什之前创立的 Fare Exchange。这家公司的发展途径不是依靠外部融资，而是依靠本身的资金。

另一个例子是第 9 章提到的 Basecamp，它的优势是没有将地址选在创业中心，而且让员工远程办公。

Basecamp 的联合创始人贾森·弗里德和戴维·海涅迈尔·汉森的想法能给我们很大的启发。他们认为不能不惜一切代价地追求增长。因此，他们拒绝通过"烧钱"来换取发展，从不接受投资，他们笃信自己的方式有益于公司发展。实际上，自 1999 年成立以来，Basecamp 已经拒绝了 100 多个针对其项目管理软件的投资提议。两位联合创始人刻意保持着轻松的公司文化，注重平衡工作与生活。公司的员工每周只工作 40 小时，即便是创始人也是如此。

这与由风险投资公司资助的硅谷模式形成了鲜明的对比，后者竭尽所能地让公司实现增长。实际上，一些企业以"9-9-6"工作制出名，即每天从早上 9 点工作到晚上 9 点，一周工作 6 天。更有甚者，一些人认为即便是"9-9-6"工作制也是一种懒惰，很多人每天工作 12 小时，一周工作 7 天。硅谷的创业圈也在审视这一情况，认为必须进一步提升自己的"勤奋文化"，才能迎头赶上。

超高速增长型创业公司

超高速增长型创业公司通常更注重技术，无论是产品本身还是分销方面都是如此。举例来说，微软取得了空前的成功，其创始人比尔·盖茨积累了庞大的个人财富，这些都是因为软件本身的可扩展性极强。一旦完成编写，软件便能够以难以置信的低成本进行分销。

与此类似的还有其他涉及知识产权的产品，比如电影、书籍或者摄影作品，它们都可以通过数字方式传播。

在生产有形产品的时候，每一件产品都存在成本问题，知识产权和数字产品则不同，在最初的创造过程中确实需要花费大量资源，但是一旦完成或者运行起来，便能够以极低的成本进行大规模生产。举例来说，Adobe 公司开发 Photoshop 软件可能花费了数百万美元，但是一旦制作完成，软件在销售的时候几乎不会产生任何成本，用户只需下载即可。

我们所说的软件其实也包括智能手机应用。一段时间以来，手机应用创业公司得到了广泛关注。这种超高速增长型创业公司的主要产品是软件或者依靠算法创新，公司的根基是软件工程师、设计师和产品经理的专长。但是，在创业初期，公司的员工可能只有几个创始人。在这种情况下，最优的人员组合应该至少包含一位拥有技术知识的创始人。这位创始人可以根据用户的需求构建和迭代数字产品，这样创业团队才能拥有解决相应问题的洞察力。

因此，为了增加成功的机会，你的创业团队里需要有人接受过技术方面的教育，拥有相关的专长，也需要有人运用智慧和洞察力发现市场缺口（未被满足的需求）并且将之商业化，进而通过营销和销售来获取相应的增长力。

下面是一些超高速增长型创业公司的例子：

- Just Eat
- WhatsApp
- 优步
- 爱彼迎
- 谷歌
- 苹果
- Salesforce[1]
- 脸书
- Instagram
- YouTube
- 奈飞
- 亚马逊

这些公司发展迅速。除了因本身工作出色而获得了强大的增长力，每月都如病毒般疯狂增长，这些公司背后的发展动力还有大量资金。这些资金大多来自于创始人富有的亲朋好友，或者由创始人自己直接投资，至少在初始阶段是这样。

1　客户关系管理软件服务提供商。——译者注

举例来说，杰夫·贝索斯在 1995 年和 1996 年从天使投资人那里筹集了 100 万美元作为亚马逊的种子资金，另外他的父母也将毕生积蓄的很大一部分投入了亚马逊。（毫无疑问，他的父母从这笔投资中赚得盆满钵满。）

因此，虽然获得成功并不需要具备所有不公平优势，但是地位、金钱、位置和运气（天时地利）极具价值。此外，我们也可以通过智力和洞察力，以及教育和专长来获得地位。

应该选择哪种类型的创业公司

现在你已经了解了生活方式型创业公司和超高速增长型创业公司之间的区别。我们希望你已经对哪一种创业公司更适合你有了一定的认识。

对于超高速增长型创业公司来说，最为重要的是客户或者用户确实需要他们的产品。这被称为"产品－市场契合"，意味着市场需要该产品，产品恰好契合市场需求。如果创业公司的产品能够实现"产品－市场契合"，那么随着市场需求不断增长，公司也会随之发展。

然而，对于超高速增长型创业公司来说，维持这种"曲棍球杆"式的增长曲线，还有重要的一点就是获得资金。这类公司的财务经常处于赤字状态，而且会长期如此——从某种角度来看，你甚至可以将之视为一种"烧钱"练习。之所以损失的金钱数额如此巨大，是因为超高速增长型创业公司优先考虑满足市场需求，尽快占据尽可能多的市场份额。即便亏损，他们也要达成这一目标。

里德·霍夫曼和叶嘉新（Chris Yeh）在他们的同名著作中称之为"闪电式扩张"（blitzscaling）。他们对这一名词的解释是，"闪电式扩张意味着在不确定的环境中，优先考虑速度而非效率，从而实现规模化增长"。

这种策略看似疯狂，其背后的逻辑是，投资人和创始人认为在某些行业，最终的赢家只有一家公司。比如，谷歌赢得了搜索引擎领域的竞争；脸书在社交媒体的竞赛中脱颖而出；在世界上的大部分地区，优步是叫车市场的最终赢家；一段时间以来，奈飞的订阅人数冠绝流媒体视频领域。此类例子不胜枚举。

通常这些公司在市场中依旧会有一两个竞争对手，但是它们的绝对优势令竞争对手望尘莫及。

正是因为这种行业态势，投资人会将数百万美元的资金投入到超高速增长型创业公司中，希望它们能一鸣惊人，成为其行业的独角兽（价值超过 10 亿美元）。

这是创业公司的顶级联盟。得到风险投资公司的投资，意味着你也成为其中一员，但是获得投资并不意味着你已经成功。事实上，你仍旧可能最终一事无成，无法如愿成为创业英雄。

想要获取最终的胜利，就必须进入超高速增长阶段，依靠自己的资金起家（拥有金钱这项不公平优势），通过打造自己的地位和信誉（专长），建立人际关系（地位）。你可能需要将办公地点迁到科技创业中心（位置）。最重要的是，你的公司需要具备一定的增长力，这意味着你创造的产品必须是人们真正想要的东西。

金钱和地位（信誉和人际关系）是超高速增长型创业公司在早期阶段获得资金的关键。有了这些不公平优势，你就有了资金和人脉，并有能力说服人们相信你的信誉。而信誉来自于对问题的洞察力，以及解决该问题的专长。

如果从各项不公平优势衡量，你的优势非常明显，那么超高速增长型创业公司是更好的选择。

如果你的各项不公平优势并不突出，那么生活方式型创业公司可能是更好的选择。

我们以风险投资人维利·伊尔特切夫（Villi Iltchev）的一段话结束本节内容：

"如果你认为自己可以创立估值达到1亿美元的公司，就寻求风险投资吧，然后为实现目标而奋斗。如果你认为自己没有这样的条件或者能力，也可以选择动用手头300万美元的现金流，创立估值为1000万美元的公司，从此过上幸福的生活。"

创始人的心理健康

在继续讨论相关问题之前，我们还想谈一个非常重要却总是被忽视的问题，那就是创始人的心理健康。作为创始人，在进入创业阶段时要照顾好自己的心理健康。如果你的目标是创立超高速增长型创业公司，那么更需要注意这方面的问题。

你面对的所有投资人都会给你施加压力。他们对你的投资并非出于善意——他们投资的唯一目的是从你的创业公司中赚取大量金钱。他们追寻的是投资回报。这就是他们的工作。因此，有时他们会觉得自己才是老板，会时刻监督你的工作。

你需要强大的韧性来面对所有拒绝，承受所有困难，应对所有障碍。

尽管如此，创业还是能够给我们带来巨大的成就感，而且值得一试。一般来说，大部分创业者并非与众不同。没错，我们提到了科利森兄弟、埃隆·马斯克、萨拉·布莱克利和梅拉妮·珀金斯（第17章会详谈的可画联合创始人），他们可能特别幸运，特别有天赋。但是我们的目标不是登上杂志封面，也不是只有创立了独角兽公司才算取得成功。

如果你觉得压力太大，一定要寻求帮助，可以找人聊聊。一定要照顾好自己的基本生活需求：睡眠、营养、锻炼、人际关系，记得定期冥想，保持健康的精神状态。只有这样，你才能在这场疯狂的旅途中保持理智。最后，确保你有良好的工作环境，记住虚拟和抽象的环境也会发挥重要作用。如果你的身边始终围绕着心态积极、意志坚定、催人奋进的同事或者导师，那么你更有可能保持理智，也更加接近成功。

第14章 点子

"优步的创业点子真是太聪明了！只要在手机上操作一下，就有车来接我，带我去我想去的地方。要是我能先他们一步想到这个点子就好了！"

你经常能听到这样的话。人们认为创业公司的成功主要是因为其具有突破性的天才点子，比如优步。事实上，停留在空想阶段的点子和那些催生成功创业公司的点子之间，最大的差异是"执行"。

首先，大家高估了创业点子的作用。想法固然重要，但是同一时间，全世界有无数人构思出同样的天才想法，然而从想法到成功创业的转换率却接近于零。

其次，我们的另外一个错误认识是认为创业点子需要独一无二、特别新颖才能成功。

大部分创业公司要么是对已有想法进行调整，要么是在新的市场或者行业实现同样的点子。

我们在第 9 章中提到，成功大概率取决于时机。

谷歌并不是最早的搜索引擎。实际上，当时有包括 Lycos、AltaVista、Ask Jeeves、雅虎在内的多家搜索引擎公司，投资人对于投资新生的搜索引擎没有太大的兴趣。创立一家搜索引擎公司这个点子并不新鲜，也没有独特之处。但是，谷歌的特别之处在于拉里·佩奇和谢尔盖·布林的洞察力——通过查看有多少其他网站链接到某一网站，搜索引擎给出相关度更高、更值得信赖的结果。他们创造的算法来自他们的智慧、教育和专长。

同样，脸书也不是首家问世的社交网络公司。走在它前面的有包括 SixDegrees、Hi5、Orkut、Bebo、Myspace、Friendster、Friends Reunited 在内的多家公司。

脸书在正确的时间出现在了正确的地方。马克·扎克伯格当时是哈佛大学的学生，脸书的诞生地正是哈佛这所世界顶级学府。起初，脸书只对哈佛学生开放，所以脸书用户享有很高的地位，也具有较大的排他性。随后，它逐渐向其他常春藤盟校的学生推广，最终才面向所有人开放。这种方式使得扎克伯格能够建立新用户与现有用户相关联的网络效应，让新用户想加入脸书，因为"我的所有朋友都在使用"。

这种做法无疑帮助脸书获得了发展所需的初始增长力。脸书出现的时机也是完美的，因为此前的社交网络已经教育了用户，让他们了解到此类网站如何运作。此外，脸书进入市场的时候，宽带刚刚开始普及，智能手机也出现了。大家可以将自拍照或者其他照片上传到自己的个人页面上。

从不公平优势的角度衡量，脸书在各个方面都堪称完美。它的创始人不仅有适合创业的个性（扎克伯格极富竞争力，他不仅聪明，而且天性执着），还遇到了优秀的导师（扎克伯格遇到了许多伟大的导师，包括 Napster 的创始人肖恩·帕克和 PayPal 的联合创始人皮特·泰尔）。

更重要的是，扎克伯格和他的团队遵循的策略才是脸书的制胜法宝。脸书先向哈佛学生开放，然后从哈佛扩展到其他大学，最后才面向公众开放。这种逐步开放的方式帮助脸书避免了像 Friendster 等社交软件那样重蹈覆辙。Friendster 并未控制自己的增长，公司的技术基础设施无法处理所有进入其服务器的数据流，这导致网站时常无法正常工作，客户体验较差，客户需求无法得到满足。脸书逐步开放的策略使其可以逐渐完善自己的技术基础设施。

Dropbox 并不是第一家提供云存储服务的公司。在互联网泡沫时代，也有一家提供云存储服务的创业公司，但是最终失败了，因为它的创立早了十年，当时的网络速度太慢。

Spotify 并不是第一家音乐服务平台，在它之前有 iTunes，Napster 甚至比 iTunes 更早。也就是说，至少早在 1999 年，就已经有人想到了为客户提供海量音乐的曲库，并且几乎即时为客户播放他们想听的音乐，而 Spotify 区别于其他音乐服务平台的则是它在这一设想上附加了订阅和广告的商业模式。

亚马逊不是第一家电子商务创业公司，甚至不是第一家在网上卖书的公司。中国的阿里巴巴也不是第一家从事 B2B 业务的电子商务创业公司。

如果你关注成功的公司，无论是独角兽公司还是传统的公司，你都会发现，这些公司的点子并不具备突破性。它们之所以成功，更多的是因为它们的执行力，其中就包括充分利用诸多不公平优势。

另外我们还要知道，在任何行业中，做第一个"吃螃蟹"的人都并非好事。所有成功的公司都会从各自领域的先驱者的失败中学习。正如物理学家和作家艾默里·洛文斯（Amory Lovins）所言："先驱者带着弓箭，定居者得到土地。"

正如洛文斯的这句话所暗示的那样，尽管极具创新性的想法可以推动整个行业飞速发展，但是早期的推动者需要面对的风险远高于后来者。他们往往需要教育市场，让市场了解产品或服务（为简单起见，我们在本书中并没有细分产品与服务），其成本非常高昂。比如，PalmPilot 这款移动产品其实是 20 世纪 90 年代末诞生的首批智能手机，但是从未在市场上掀起巨浪。

Meerkat 是移动直播平台的鼻祖。随着 Twitter 收购了其竞争对手 Periscope，再加上其他直播流媒体平台的涌入，比如脸书推出的直播服务脸书 Live，Meerkat 最终被竞争对手所扼杀。

当初埃文·斯皮格尔拒绝了脸书的收购，随后脸书便盯上了 Snapchat，开始抄袭其创新想法（尤其是"故事"功能），然后应用到自己的产品中，包括 Instagram、脸书、脸书 Messenger 和 WhatsApp 等。

因此，在当下这个互联网时代，创立创业公司的许多障碍已经不复存在，先发可能会成为劣势。巨头公司可以轻松剽窃你的点子，并将其作为一项功能应用到自己的产品之中。

回到谷歌的故事。谷歌的成功源于它非常出色地做好了两件事情：第一是保证搜索引擎运转良好（这得益于我们前面提到的索引法，即查看与某网站相关的链接）；第二是开创了全新的广告模式，这样谷歌就能将自己广受欢迎的搜索引擎变现。谷歌的广告模式允许企业以广告的形式出现在搜索结果的顶部。每次用户点击广告，企业就需要交纳一定的费用。

实际上，谷歌的这种广告模式是从美国知名搜索引擎服务商Overture那里"偷师"而来的，不过 Overture 是根据每个企业的付费情况对搜索结果进行排名。谷歌做出的改变是引入了质量和相关性分数，帮助广告排名，就像它为普通搜索结果排名一样。所以谷歌的优势来源于它借鉴了别人的想法，付诸实践，并且做出了改进。

因此，我们希望重申一下，虽然你的点子不一定独一无二或者极具突破性，但是有自己的点子依旧非常重要。

如何才能想出好的创业点子呢？想要有好点子，必须能同时拥有对某个问题的关键洞察力和想出绝佳解决方案的能力。这个解决方案就是你的产品。打造优秀产品的过程需要我们结合批判性思维和创造性思维，这种能力来源于我们长期在理论情景中（教育优势）或者实践情景中（专长优势）解决问题的经验。

正如我们在第 8 章的"创新智力"一节中提到的，交叉思维实际是一种跨学科的思维方式，也是各种好点子的来源。对现有解决方案做出改进，从另外一个角度思考问题，将一个行业的解决方案迁移到另外一个行业中，或者把一个地理区域的解决方案迁移到另一个地理区域，伟大的创业点子就是这样诞生的。

一旦具备这种跨学科思维方式，学会准确切中痛点，寻求解决方案，你就会发现好点子像雨后春笋般出现，甚至令你应接不暇。我们的朋友鲁内·索文达尔（Rune Sovndahl）是创业公司 Fantastic Services 的联合创始人。该公司的总部设在伦敦，年收入已经达到了 3000 万英镑。他经常向我们"抱怨"说，自己在去超市的路上就会想到四五个新的商业点子，而他根本来不及记录。

这是因为鲁内不断训练自己的大脑，使之对于生活中的各种问题、不便之处、浪费时间的流程、令人难以接受的产品以及市场缺口特别敏感。留意到这些内容，他的大脑会在潜意识中尝试给出解决方案，以解决生活不便的问题或者满足未满足的需求。

如果用 MILES 框架来分析好点子的诞生过程，我们可能会发现与生俱来的创新智力在其中发挥了一定的作用。所有人都具备这种智力，只不过程度不同。但是，单纯拥有这种智力并不能催生好点子。只有不断实践，才能将这种原始的天赋培养成强大的技能，比如经常将自己的点子付诸行动，随着时间的推移巩固相关专长。阿什有许多点子最终取得了成功，但是也有许多点子最终以失败告终，鲁内也是如此。

鲁内有哪些不公平优势呢？他的成长背景和阿什类似，他从小就开始在学校里做些小买卖。43 岁的时候，他已经是知名企业家和首席执行官，创立过多家公司，特别是在创立"副业型"创业公司方面有着丰富的经验。他创立的公司有与时尚领域相关的，也有提供廉价电话业务的电信公司，还有专门为音乐老师和舞蹈老师建设的网站。这些公司都是他在业余时间创立的，而他当时的主业是在英国电信公司或者 lastminute 网站担任管理职务。我们不难看出，他的经验和专长是如何逐年累月地积累起来的。另外，丰富的从业经历让他获得了敏锐的洞察力。最为难能可贵的是，他具备寻求解决日常问题的思维模式。

同样，你必须思考："我要解决的问题是什么？"

从"人"出发，而非从"物"出发

在开展头脑风暴，试图想出一个好的创业点子时，你可以想象自己需要为某些人解决问题。有时候，你想到的问题甚至是他们自己都没有意识到的，因为他们已经习惯了以某种方式应对这个问题或者避免处理这个问题，他们将其视为生活中不可改变的事实。

举例来说，约翰尼斯·古登堡（Johannes Gutenberg）在约 600 年前发明了西方的铅活字印刷术。在此之前，书籍的价格极其昂贵，因为每本书都需要手写，费时费力。当时大部分人认为这就是生活中的既成事实——因为书籍高昂的价格，所以学习是富裕的精英阶层的专利。

大部分发明和创新也是如此。之前，大多数人不知道他们"需要"计算机，或者"需要"互联网，更不用说通过小到可以装入口袋的"超级计算机"上网了。同样，此前大多数人没有意识到他们需要在线社交网络、叫车服务，或者通过手机购买日常用品。

想要找到生活中未被满足的需求，然后用产品或者服务来解决问题，需要出众的智力和洞察力，特别是创新智力。

好消息是，智力和洞察力是可以培养的。无论你与生俱来的"才能"处于什么水准，如果空有天赋而不努力，那么最终都会输给天赋平平却努力工作的人。我们可以通过不断思考哪些需求没有得到满足来努力提高自己的技能。

该如何发现未被满足的需求呢？

答案是，寻找生活中的痛苦和不便。

在你的生活中，每当有人提到他们觉得令人烦恼的事情、无法解决的问题或长期遭受的痛苦时，你都要保持高度关注。同时，不要忘记对你自己所经历的任何痛苦或不便保持关注，并且注意思考如何解决这些问题。

"自挠其痒"

"自挠其痒"，或者说解决自己面临的问题，是在洞察力方面取得领先的绝妙方法。作为创始人，你自己就是你想创造的产品的目标受众（痒是需求，而挠痒是为了满足需求——你希望用产品"挠痒"）。

特里斯坦·沃克就是用这种理念创立了自己的创业公司 Walker & Company。正如我们在第 8 章中所看到的，他的不公平优势来自于他自己就是目标用户这一事实。作为一个拥有浓密卷曲胡须的非洲裔美国人，他利用独特的洞察力发现了多刃剃须刀会给像他这样的人带来更多毛发倒生、剃须后的灼烧感和过敏等困扰。因此，他创立了自己的创业公司 Walker & Company，该公司的产品就是专门迎合这一目标市场的需求。

沃克此前研究了许多"重大问题"，比如肥胖问题、货运问题，甚至还有银行业务问题。他最终确定的创业点子虽然范围更小，但是在这个领域，自己有明显的不公平优势——洞察力。

确定目标客户，挖掘出未得到满足的需求，就能发现伟大的创业点子。进行非正式、实地、定性的研究，例如直接与潜在客户交谈，可以真正地深入了解问题，了解客户对于问题的情绪与态度，从而知道问题是否造成了足够的痛苦或者不便，是否急需得到解决。

最致命的错误是已有"解决方案"，即产品，然后再去寻找它能解决的问题。这种情况比你想象中的更为常见，因为有些人擅长创造产品（可以是网站、手机应用，甚至是发明），但是并不擅长思考谁会拿出真金白银购买自己的产品。

与客户面对面地交流是发掘未满足需求的最有力的方式。如果不能实现面对面的交流，那么通过电话与他们沟通也是不错的选择。归根到底，你不能总是躲在笔记本计算机的屏幕后面，而必须走入现实世界，与人交流。你还可以通过在某一行业工作来发掘该行业的需求，这样才能获得宝贵的洞察力和某一领域的专长。无论通过何种方式培养自己的洞察力，你都需要不断锻炼，使之成为你的不公平优势。

一旦确定了需求，你就可以凭借自己的教育背景和专长，创造产品或者服务来满足这一需求。或者，如果你自己不具备这样的教育背景和专长，那么可以与那些具备这种不公平优势的人合作，选择他们作为创业公司的技术联合创始人。

但是，提出创业点子的时候，你还需要考虑一些其他问题。

你的不公平优势就是你自己

"产品－市场契合"是创业圈中的著名概念。能够实现"产品－市场契合"意味着你的产品填补了某个市场需求空白，也就是说，有足够多的客户强烈想要你提供的产品。

然而，还有一个同等重要的理念——"创始人－产品－市场契合"。为什么要加入"创始人"呢？这是因为，创业公司早期的不公平优势直接来自于创始人本人。美国股权众筹平台 AngelList 的联合创始人兼首席执行官纳瓦尔·拉威康特（Naval Ravikant）表示："'创始人－产品－市场契合'是比'产品－市场契合'层次更高的契合。"

如果你在打算投身的行业中并不具备特定的不公平优势，那么可能这个行业和目标市场并不适合你创业。创业成功依靠的并不单纯是选择正确的点子，而是选择适合自己的点子。但是，这种理念并不意味着你一定要在准备涉足的行业拥有工作经验。你可以以其他的方式获取行业视角，比如找到合适的联合创始人或者早期员工。有时，你可能具备的全新视角也有助于创业成功。

以 WhatsApp 联合创始人简·库姆为例，他对营销和媒体知之甚少，在网络可靠性方面却是专家，而且他做事目标明确且极度专注。这就体现了库姆的洞察力：设计出最可靠的跨平台即时通信手机应用。它易于使用，很容易像病毒一样传播（它会使用手机通讯录信息）。最初，WhatsApp 只是一款更新状态的应用，但是随着推送通知成为 iPhone 的一项功能，它逐渐演变成了即时通信手机应用（这也是迭代所具有的力量，要跟着市场需求走）。WhatsApp 一炮而红，诸多媒体纷至沓来，希望库姆能出席一些媒体活动并介绍自己的产品，不过最终都被他婉言谢绝。他说这样做会分散自己的注意力。库姆并没有学习自己专长领域之外的技能，他的做法是寻找能够与自己在不公平优势上互为补充的团队成员。布莱恩·埃克顿（Brian Acton）筹集到 25 万美元，并以此成为联合创始人。他比库姆更擅长集资。两人一同帮助公司发展，这是库姆一个人无法做到的。最终，脸书以 190 亿美元的高价收购了 WhatsApp。

另外一个例子来自路易丝·布罗尼－门萨（Louise Broni-Mensah），她是我们的一位创业学员。路易丝创立的公司 Shoobs 旨在帮助人们探索夜生活，并且专营相关票务。她希望创造世界上最大且最重要的都市活动社区。2014 年，她成了被知名创业孵化器 Y Combinator 接纳的第一位非洲裔女性创始人。

作为独立创始人，路易丝克服重重困难，并取得了令人难以置信的成功。自从 Shoobs 推出以来，用户数量增长了 10 倍。路易丝有自己的不公平优势，她在伦敦出生和成长，熟悉伦敦的夜生活文化，而且了解伦敦非常有民族特色的一面。这让她具备了敏锐的洞察力。她非常幸运，不仅对夜生活文化充满热情，而且拥有这方面的专长。此外，她曾经有一段非常成功的投资银行职业生涯，两者相结合造就了她的成功。

路易丝同时具备了两个领域的经验和专长，这帮助她获得了洞察力这项不公平优势，并且让她的创业公司在业务领域占据了主导地位。从 Y Combinator 获得投资之后，她最近又从摩根士丹利获得了 20 万美元的资金，并且前往摩根士丹利位于纽约的创业加速器中工作。

库姆和路易丝选择的创业点子不仅是好点子，更是适合他们个人不公平优势的点子。

如果没法达到"创始人－产品－市场契合"，那么可能遭遇重大失败，创业者兼创业学教授史蒂夫·布兰克（Steve Blank）就是一个例子。布兰克的创业公司名为火箭科学游戏公司（Rocket Science Games），最终的亏损高达 3500 万美元。他认为失败的主要原因是创始团队中没人是游戏玩家，甚至没人有在游戏公司的工作经验。

他们最终做出的游戏虽然画面美观，但是游戏体验缺乏乐趣。

离开 Just Eat 后，阿什休息了一段时间。他花了一些时间陪伴四岁的女儿。那段时间，他为了陪女儿玩耍而绞尽脑汁，直到"黔驴技穷"。随后，他灵机一动，为什么不创立一家公司来专门从事儿童游戏订阅盒子的业务呢？通过订阅产品，家长每个月都会收到满满一盒富有创造力、极具乐趣的游戏玩具。问题在于，阿什对于订阅盒子创业公司并不熟悉，甚至不了解以儿童为业务中心的创业公司。那时，他的人脉圈中没有可以伸出援手的人。在尝试了 6 个月之后，他决定放弃自己的创业点子。这并不是良好的契合——除了最初的洞察力，他在这个领域并没有强大的不公平优势。然而，后来有人凭借这个点子成功创业。这些创业者基本上都在风险投资公司工作过，或者曾经有过创业经历。做了母亲后，她们选择了儿童游戏订阅盒子这个项目创业。她们有着巨大的不公平优势，而且"创始人－产品－市场契合"的程度远高于阿什。

希望我们列举的案例能够帮助你思考清楚哪些创业点子适合你自己，哪些不适合。切记，在选择创业的领域中，你必须有不公平优势。

第 15 章　人选

寻找联合创始人

对于独立创始人来说，要想取得成功，难度会成倍增加。事实上，我们强烈建议你不要尝试独自创业。大多数人的抱负，包括创业抱负，需要在团队中实现。

作为独立创始人，情感上的压力可能足以让你崩溃并且放弃创业，这种压力远超你的想象。对于超高速增长型创业公司来说，这一点尤甚。

安东尼·卡萨莱纳（Anthony Casalena）独自创立了名为 Squarespace 的软件公司。这是一家超高速增长型创业公司。整整三年时间，他独自一人运营着自己的创业公司，很少有人能做到这一点。然而，压力和紧张还是令他不堪重负。卡萨莱纳曾公开表示，他全身心地投入到公司的业务之中，甚至不想坐飞机出行，因为他在飞机上无法使用手机检查服务器是否正常运行。随着精神状态的恶化,他还突然遭遇了严重的恐慌症的侵扰。

对于生活方式型创业公司来说,独立创始人之所以能够应付得来,纯粹是因为公司的增长速度相对较慢。这样的公司相对易于掌控。然而即便如此,创始人也并非无忧无虑,而依旧会有遭遇信心危机的时刻,有害怕失去大客户而感受到的压力,还要与创业带来的不确定性和风险抗争。哈桑就是独立创始人,但是他也是在创业旅程中找到了另外一位创业者作为自己的"责任合伙人"。两人相互交换看法,彼此鼓励,最终才获得了成功。导师也扮演着关键角色。无论是哈桑还是阿什,导师都发挥了强力的助推作用。

如果你决定独自创业,那么可以选择在共享办公空间办公,因为你可以在这里结识其他创业公司的创始人,不再独自在家中或者咖啡厅办公,而是身处与你志同道合的人之中。

总之,如果能够与商业伙伴互补长处和不公平优势,那么这是最佳选择。这是因为既擅长开发产品,又擅长销售和推广产品的人少之又少。通常情况下,我们总是各有所长。

在创业公司的创始团队中,你需要创造者、沟通者,通常还需要技术员。

这三种角色可能会全部集中在一个人身上,或者两个人身上,当然也可以分为三个人甚至超过三个人。但是通常情况下,联合创始人最好有两三人。

创造者富有远见,他们希望客户热衷于购买自己的产品,也希望用户热衷于使用自己的产品。他们专注于乔布斯所说的"在世界上留下自己的足迹"。

沟通者是负责商业方面的联合创始人,他们既擅长销售和市场推广,也擅长与现有客户和潜在客户沟通,并且将他们的意见反馈给团队。沟通者也是向投资人"推销"公司的人,所以是公司的首席筹款人。

技术员完成公司技术层面的建设,并确保其能良好运转。所谓技术层面可以是计算机软件、手机应用、网站、治疗致命疾病的药物、口红或者粉底的配方。因此,技术员可以是工程师、化学家、生物学家或者其他领域的技术人员。

通常,创业团队由两人组成,一人负责商业层面,另一人则负责技术层面。两人中的一人承担创造者的角色,拥有公司需要的远见卓识。

你需要一个值得信赖的人,他或她能与你融洽地相处,与你组成团队后可以弥补你所不具备的不公平优势。如前所述,MILES 框架在这方面可以派上用场:让你弄清楚你将如何获得金钱、洞察力、专长和地位,从而帮助你创立自己的公司。

如果你还没有自己的联合创始人,那么现在是时候开始行动了。

诚然,我们总是可以找到途径,把公司的技术部分外包出去,但是如果技术层面的内容是公司的核心业务,例如公司的主营产品是软件,那么外包显然不是好的选择。这是因为,如果你将技术业务外包,就不能轻松地改变、迭代、调整和逐步发展自己的产品,而是每次都要花费金钱。

MILES 框架最重要的应用就是帮助你寻找和选择合适的联合创始人，把自己的点子转化为成功的创业公司。你需要思考的问题是："我在哪个方面最弱？在不公平优势的体系中，我在哪个领域的筹码最少？"

如果你想创立超高速增长型创业公司，但是你与投资人的关系一般，也不太擅长推销，也许你可以像简·库姆那样，找到自己的"布莱恩·埃克顿"，由他来负责筹集资金。库姆是创始团队中负责技术和远见的那位，埃克顿则是沟通者。

脸书的情况也是如此，马克·扎克伯格的联合创始人名叫爱德华多·萨维林（Eduardo Saverin）。两人能够组成团队正是因为萨维林出身成功的创业者家庭，与扎克伯格相比，他是更出色的社交家、沟通者，商业头脑更强。此后，雪莉·桑德伯格（Sheryl Sandberg）加入脸书，并承担了商业性更强的角色，而扎克伯格依旧作为公司的创造者，定义公司愿景。此外，他也是公司的技术创始人。

在苹果公司，乔布斯拥有远见卓识，史蒂夫·沃兹尼亚克（Steve Wozniak）则是技术联合创始人。

在很多成功的创业公司中，我们可以看到类似的模式。

我们经常被问及如何寻找联合创始人。大多数时候，大家会向我们咨询如何找到技术联合创始人。

你既需要人脉，也需要在正确的时间出现在正确的地方。因此，你需要在位置和运气方面得到帮助，无论是物理位置（比如你生活在创业中心或者在技术型大学就读），还是虚拟位置（比如可以结识他人的在线社区）。

你可以在相关的聚会、活动、研讨会、大型会议和展览中认识潜在的联合创始人。想一想你想认识的人可能会出现在哪里。

选择与陌生人合作一定要慎重。与某人合作创业如同结婚一般，在超高速增长型创业公司中，你见到创业伙伴的时间可能超过见到自己配偶的时间。信任对于创业成败至关重要，而且建立信任需要时间。因此，做好尽职调查，最好选择已经与你建立信任的人作为创业伙伴。

联合创始人之间的冲突可能是导致创业公司覆灭的主要原因。因此，对待创业伙伴要慎重。如果此前与他们有过合作经历会更好，这样你可以了解你们是否合得来。

如何拓展人脉

寻找联合创始人、导师、顾问或者投资人的关键之一是人脉，其核心就是与人见面并且建立关系。

拓展人脉，需要具备两个要素：

1. 抱着真切的愿望，希望为你结识的人增加价值；
2. 提升自己的地位，让人们认为你能够为他们增加价值。

我们先来定义"价值"。在人际交往中，价值的实现并不限于你能为某人做什么。如果你是按摩师，那么所谓"增加价值"并非让你为对方提供免费的按摩服务。如果你是咨询师，也不需要通过战略会议深入了解对方的业务。"增加价值"可能仅仅是指你介绍两人认识，而这两人通过认识彼此可以互利互惠。或者，"增加价值"甚至只是对待对方充满热情、礼貌、尊重，并且做一个好的倾听者，仅此而已。

对于为谁增加价值过于挑剔，或者"保留"自己的价值，只服务于你认为重要的对象，我们应当努力避免诸如此类的陷阱。如果你在一次与创业相关的聚会上结识了某人，但是你认为对方不会在任何方面给你带来利益，那么不要为了遇到你认为可以为你增加价值的人而赶走对方。这种行为会使你陷入错误的思维模式，你会不自觉地表现得自私和不友善。

在社交中，我们需要传播积极情绪，哪怕只是一个温暖的微笑。这不需要我们付出什么，却能让我们获得可观的回报。

读到这里，你可能会翻着白眼说，这太简单了。虽然寥寥几句说来容易，但是对于性格内向的人来说，社交依然会令他们望而却步。哈桑的性格就非常内向，他会逼迫自己去认识更多人，从而拓展自己的人脉。很多创业者也会教导自己，打破"保护壳"，积极社交。

你可能会想："为尽可能多的人增加'价值'是否过于消耗时间？"

随着你在创业路上越走越远，对于时间管理，你需要更加明智，因为你的时间会愈发稀缺。然而与你交谈的对象相比，你的空闲时间更多，所以牺牲一些时间，换取经验和智慧，并从中受益，你付出的代价便不算大了。然而，依旧有人认为他们连与人打招呼的时间都没有，所以我们说哪怕只是友善热情、用心倾听也有价值。

社交绝不应该像销售员一般四处分发名片，而应该抱着真诚的意愿向对方学习，倾听对方的观点。如果仔细倾听，你可能会学习到深刻见地。这会帮助你发现业务需求，或者给你带来启发。

你需要明白，大多数人抱着"认识他有什么好处"的心态。但是，你需要注意自己什么时候以这样的思维模式待人接物。在尝试拓展增加价值的范围时，我们要摆脱这种思维束缚。

当然，如果你有具体的商业目标或者职业目标，那么在参加社交活动的时候也不能过于随意，否则可能社交活动持续了数小时，而你只遇到那些想要向你推销理念或者产品从而谋取利益的人。

你的人脉不能只有广度，也需要有深度。更具深度的人际关系更加紧密，人脉能够提供的支持更为有力。即便在领英上拥有 5000 个联系人，但是如果没有人会回复你的消息，那么这样的人际关系毫无价值可言。这就是为什么在建立人际关系的时候通过他人介绍往往是较好的方式，哪怕介绍人也只是刚刚与你相识，因为这样有人为你背书，可以证明你的能力。如果是经人介绍，那么你想交谈的对象可能更乐于倾听你的谈话。没有热情介绍的冷接触是拓展人脉最无力的方式，但是如果你提供的内容能够充分调动听众的兴趣，那么即便是冷接触，也能有效地建立人际关系。

你能够为你的人脉圈增加的价值越多，它的力量就越大。

你需要定期地主动与人联系，而不是只有在需要对方的时候才主动联系，这样可以为自己的人脉圈增加更多的价值。

你可以每天联系自己的人脉圈里的一人，养成习惯，即便只是简单的问候，或者转发他们的文章，又或者评论他们在社交媒体上发布的状态，也能够实现增加价值的目的。对于专业领域的人脉来说，使用领英是增加价值的好方法。找到对方与你相关的方面，持续跟进对方的工作进展。这也是获得他人介绍的好方法，可以有效地拓展自己的人脉。

如何找到导师——来自哈桑的建议

我时常被问及我是如何吸引成功的千万富翁企业家作为我的导师的。

提问的人总是期待我能够提供给他们屡试不爽的妙招。

现实情况是，寻求导师的时候，我并没有什么妙招。归根结底，这考验的就是与地位比你高的人建立关系的能力。优秀的导师极其忙碌，会不停地有人联系他们，希望从他们那里得到些什么。而且，他们自己公司的执行、建设和运营问题也会让他们分身乏术，所以无法满足或者帮助每个向他们寻求建议的人。

在极端情况下（而且很不幸，这其实是普遍情况），寻求他们的帮助就像寄生虫吸取他们的血液一般。

我经常会收到很多消息或者电子邮件，询问是否可以请我吃午餐或者喝咖啡，然后就一些问题征询我的看法。阿什收到的邀请更多。即便时间允许，我们也喝不下那么多杯咖啡，吃不下那么多顿午餐。

成功找到导师的是那些能够为导师增加价值的人。

我第一次见到阿什是在一个商务晚宴上。尽管我知道他刚刚完成了一次规模庞大的首次公开募股，作为创业者和增长黑客已经取得了非常大的成功，但是我依旧问他我可以如何帮助他。

我很幸运，我的父母教会了我这一道理——在寻求别人的帮助之前要先寻找帮助别人的方法。

实际上，认识阿什时，我处于比较有利的位置，因为我当时并不需要寻求任何方面的帮助。

下面是关于寻找导师的一些建议。

1. **确认对于你来说，谁是优秀的导师**。切记，不要把目标定得太高，选择那些在创业路上走在你前面几年的人即可。

2. **引起他们的注意——让他们在各种噪声中听到你的声音**。这些人每天都会收到海量的信息。大家寻求他们的帮助和建议，提议跟他们共进午餐或者喝咖啡，以便就各种问题征询他们的看法。正因为如此，他们会把冗长的邮件（通常这些邮件的篇幅都非常长）直接放入垃圾箱，以保护他们最宝贵的资源——时间。请记住，要想从各种噪声中脱颖而出，你必须直奔主题，做好第 3 点……

3. **寻求增加价值**。不要因为你选择作为导师的对象非常成功或者地位很高，就觉得自己没法为他们增加价值。要有信心，你总会在某些方面为他们提供帮助。调研一下他们的工作情况。他们是否在从事慈善事业或者某些可能会对社会有影响力的其他事业？你是否可以提供帮助？这是引起他们注意的好方法。

4. **举止正常**。在地位悬殊的情况下，这一条建议非常重要。比如，当遇到你感兴趣的潜在导师时，你会觉得自己似乎"配不上"对方。必须避免让这种心态影响自己，避免言行怪异。如果你因为对方的层次远高于自己，就表现得过于恭敬谦卑，甚至迫不及待地为对方做事，那么对方肯定不会被你吸引。相反，有时候"举止不正常"意味着走向另外一个极端，就像那些因为喜欢而总去揪女生辫子的男生一样，矫枉过正而又表现得极为明显。同样，这是不对的。

在与潜在导师相处的时候，我们必须给对方"正常"的感觉。举止自然，不要让彼此地位的落差影响到你，这才是正确的方式。

因此，即便你觉得自己急需一位导师，也要表现得冷静得体。不要表现得过于冷漠，给对方留下拒人于千里之外、傲慢甚至对他们的专长无动于衷的印象，但是也不要过于急迫。不顾一切地讨好对方并没有用处。最先得到食物的人往往不是最饥饿的人。想想为什么名人出席各种宴会根本无须付费，甚至有设计师为他们免费设计礼服，也会有人愿意花钱待在他们身边。你需要让身边的人感到愉快。

5. **尽快执行导师的建议，然后立即向他们反馈行动的结果。**这种反馈循环会以最快的方式让导师和被指导者之间产生和加强人际关系，因为创业导师喜欢乐于受人指导、主动行动的学徒。而且他们指导你行动，而你很快回来报告结果，这会让他们感受到越来越大的责任感。对于他们来说，这就像一场饶有趣味的游戏，他们想知道自己是否切实地帮助了你。因此，你一定要乐于接受别人的指导。

如果你在找到导师之前需要专家的帮助，请认真考虑在寻找理想导师的过程中花钱请专家为自己提供服务。这是最便捷的途径。如果你运气好，获得了投资，那么把钱花在雇用专家提供指导上，可以为你节省多年的时间，避免各种错误。高水平的专家和技术过硬的人员通常是行业的资深从业人员，他们的时间非常宝贵。在我的创业生涯中，在获取建议、教育和指导方面花费的金钱远超数千英镑，这些投入回报丰厚。如果你手头没有充足的资金，那么可以选择在网上关注你崇拜的对象，阅读相关书籍，加入各种论坛。做好功课，毫不迟疑地进行投资，让自己的思想和业务水平达到全新的高度。

第 16 章 业务

无论你想创立生活方式型创业公司还是超高速增长型创业公司，都要从小试验做起——进行小规模的测试，承担较小的风险，检验自己的想法是否可行。不要不经试验，贸然拿大笔资金去冒险。

常见的错误是心里有了创业点子（最好是基于市场的实际需求的点子），然后立即尝试为其争取资金。在传统行业中，比如餐饮或者实体商店，这种方法是可行的，但是即便是这些行业，我们也强烈建议从资本密集度较低的快闪店或者街头的食品摊位做起，这样可以有机会测试人们是否真的喜欢你提供的产品，然后再考虑承担较大的风险，筹集大量资金并注入到项目之中。

对于不需要实体店面的行业来说，一有创业点子便立刻开始筹款是特别不明智的，因为现在创业非常简单，而且测试自己的想法也非常方便。随着数字技术的发展，创业的障碍逐渐减少。如果你想创业，销售私有品牌的化妆品，那么可以先从制作 Instagram 页面和 Shopify（SaaS 模式的一站式电商服务平台）网站起步，非常简单。你甚至可以直接找到生产"白标"产品（也有人称之为私有品牌产品）的公司为你解决产品方面的所有问题，然后再找另外一家公司处理付款、交付和物流业务。凯莉·詹娜就是这样做的。

与其从一开始就以筹款为目标，不如按照我们建议的行动方案，依靠自己的力量创业，自给自足，自力更生，不借助外部力量，不依靠外部投资人。直白地说就是，你要先从个人积蓄中拿出一部分资金创业，然后用从客户那里赚来的钱作为现金流支持公司进一步发展。

在大多数情况下，生活方式型创业公司可以永远保持自给自足（除非是资本密集型公司，需要大量资产，如机器、房产或土地），而超高速增长型创业公司通常需要融资。但即使是超高速增长型创业公司，大多数也应该以自给自足为目标，至少在开始时是这样。

2007 年，简·库姆在离开雅虎时个人储蓄已经高达 40 万美元，并且也在考虑自己职业生涯的下一步。他用这些钱中的一部分资助了 WhatsApp 的早期发展。公司创立 9 个月之后，已经拥有 25 万用户（没有借助任何外部资金）。布莱恩·埃克顿在此时加入了公司，并且帮助公司进行了面向"朋友和家人"的种子轮融资——大部分资金来自在雅虎的前同事。WhatsApp 是高效自给自足创业的经典案例。即便你没有亲朋好友能够为你投资成千上万的资金，你也可以选择像库姆一样寻找一位能够实现这一目标的创业伙伴。

在早期的自给自足阶段，创造力和智慧最具价值。你必须发挥创造力，想方设法让自己的公司运转起来，避免"烧光"自己的金钱。

点子验证阶段

有了创业点子之后，就可以考虑验证一下了。看看是否真的有人会购买或者使用你的产品。根据客户或用户的反馈，必须对自己的产品进行修补、调整甚至重构，使之更好地满足他们的需求。

你需要客户或用户爱上你的产品，而不仅仅是喜欢。他们需要成为你的产品的"宣传员"，通过口口相传的方式为你宣传产品的优点。如果你的产品没有产生这种效果，那么你很可能会失败。口碑就是财源，虽然它不需要任何费用，但是只要口口相传的范围足够广，你的公司就会经历病毒式的疯狂增长。

在创业的早期阶段，你必须分时间做好两件事情：创建产品和与客户交谈。这是最关键的两件事情。接下来，我们会谈谈如何创建最小可行性产品，但在这之前，首先要试着确定人们真的对产品感兴趣。

与客户交谈包括向他们推销产品，创建产品则包括开发你想销售的产品和服务。

只要你能通过了解市场和客户，找到能够触动客户、令他们为之兴奋的创业点子，理想情况下，你就可以得到采购意向书或者订单。特别是如果你的目标客户是大型企业，那么对方可能会与你签订意向书。这是最接近于真实市场的验证，随后你可以继续打造自己的产品。

如果你想经营的是网页设计公司或手机应用开发公司（生活方

式型创业公司），那么你必须去和潜在客户交谈，并且尽可能地获得一定程度的增长力，即便不获利，也要卖出第一件产品。你需要以此学习整个过程，了解客户喜欢什么、不喜欢什么，明白不同客户对你的要求。

要了解市场，绝不能只在岸上观瞧，唯一的方法就是潜入市场深处。

如果你想创立超高速增长型创业公司，比如将目标用户定位为减肥困难的人群，那么方法是一样的。你必须与用户交谈，让他们试用你的产品，看看它是否有助于解决他们的问题。你必须弄清楚需要如何调整产品才能让用户爱上它，并且了解你提出的基于信息技术的解决方案能否完成任务。比如，用手机应用帮助他们计划和跟踪自己的膳食。

通常情况下，你的想法根本不可能成功。

你可能针对一个根本不存在的问题提出了解决方案，或者尝试解决的问题在用户眼里根本不是问题，又或者解决的问题对于用户来说微不足道，用户根本没有动力去应用你的解决方案。

大多数人犯的错误是，自以为自己的解决方案会受人喜爱，其实只是孤芳自赏罢了。这非常危险。一定要注意，不要在潜在客户或潜在用户给予你反馈之前就爱上自己的点子。

我们必须坚持科学的思维模式，以实证数据为判断的依据。人们是否愿意掏钱购买你的产品？如果你的产品是免费的手机应用，在无法直接从用户那里获得资金的情况下，能否通过其他方式盈利

（比如广告）？用户是否经常使用你的手机应用？如果没有，那么你需要与用户沟通，通过分析他们的行为数据来寻找原因。

你需要根据用户的反馈，迭代（调整和改进）你的设想或者产品。这个迭代过程至关重要。事实上，创业公司往往能够意识到它们需要进行重大改变，有人称之为"关键转向"（pivot）。

在这方面，WhatsApp 做到了。WhatsApp 最初的设想是成为一款发布用户当前状态的软件，例如"在健身房""忙碌中""请勿打扰""我在国外"等。后来，苹果公司在 iPhone 手机上发布了推送通知的功能。于是，WhatsApp 顺势转型为即时通信手机应用。

Instagram 也进行过"关键转向"，其最初的名字是 Burbn，旨在让用户在指定的地点或者公司签到。但是创始团队看到自己的照片分享功能大受欢迎，特别是其中颇具创新性的滤镜功能，于是将产品定位转向照片墙。

验证点子仍然是创业的早期阶段。即使你已经创建了自己的产品，但是在这个阶段，你仍旧不会赚到大钱，当你的目标是创立超高速增长型创业公司时更是如此。

正如我们提到的，这就是为什么必须关注自己的现金流和生命周期，确保不会耗尽资金。创业公司的创始人通常会节衣缩食、降低开支，或者在创业前准备好足够的积蓄，这样才能在几个月没有收入的情况下支付账单和生活开支。因此，我们提倡在初始阶段把创业作为副业，在保持全职工作的同时，利用业余时间依靠自己的资金创业。

另外，再次提醒一下，我们还可以通过从事自由职业来支持自己的创业事业。现在已有许多网站让我们可以利用自己的技能赚钱，按照项目结算，甚至按小时付费，远程为客户服务。无论是会编写代码、撰写文章、擅长社交媒体运营或者营销，还是可以为小企业和创业公司提供咨询服务，或者可以进行大型设计，你总会找到适合自己的机会。

如果你创立的是精益型创业公司，那么往往可以迅速实现盈利，但是要创立这样的公司，需要漫长的学习过程，除非你已经在某个领域具备专长，人们希望得到你的帮助并为此付费。这种公司属于"个体企业"，换言之，由自由职业者来运营公司。许多"数字游民"就是自由职业者，一人就是一家公司，通过互联网在有项目的时候招募团队，没有项目时则无须团队。

无论是推出产品还是服务，你都应该完成下一个步骤：创建最小可行性产品。

创建最小可行性产品

为了让公司运转起来，首先需要创建"最小可行性产品"。我们来分析一下这个词。

所谓"最小"即尽可能地简化，去除花里胡哨的内容，只保留核心功能。突出产品想要达到的核心目的——解决客户的问题，满足我们发现的需求。正如我们前面所说，这一理念不仅适用于"产品"，也适用于"服务"。

如果你刚刚起步，想边做边学，那么只需关注公司的核心价值主张。珍惜你的首位客户和首份订单。如果客户想增加在 Instagram 上的关注数，而你还没有这方面的专长或者能力，那么只能谢绝客户，还要抑制住向客户推销其他服务的冲动，比如推荐你制作的网站。在刚开始时，只专注于客户选择你的根本原因，不要因为想为客户做很多事情而分心。这样你才能更容易地卖出产品，通过实践学习整个业务过程。此后，你可以逐渐在提供的服务中添加更多内容，并且创建套餐。

对于产品来说，特别是像网站和手机应用这样的软件类产品，这种"简化"方式可以让你避免花费多年时间才能研发出产品。

你必须先创建略显粗糙但是可以工作的产品。

粗糙？

没错，正是"粗糙"。在大多数行业中，特别是你能够用自己的产品解决重大问题的那些行业，产品好看与否并不重要（除非美观是它要满足的需求）。即便你的手机应用有时会崩溃或者重启，也没关系。即便你的手机应用中有些错别字和错误，也不要紧。关键在于它是否解决了问题。

这种思维模式有助于我们克服完美主义，帮助我们摆脱推出产品时的恐惧和拖延症，这些都是我们开始创业时的主要障碍。

刚开始创业时，哈桑与完美主义进行了激烈的斗争，还要克服心中的恐惧，这让他创立公司的时间向后推迟了 9 个月。

但是，如果你不是那种受完美主义束缚的人，甚至过于随意，不太注意自己的产品是否可以实现其设计初衷，那么前述建议并不适合你，你应该认真对待自己的产品，多一些荣誉感。

过度追求完美是普遍情况。领英联合创始人里德·霍夫曼说过："如果产品的第一个版本并未令你羞愧，那就说明你的产品推出得太晚了！"注意，他并没有说"深感羞愧"。但是在反思的时候，我们需要看看自己的初代产品是否属于粗制滥造。

在 Just Eat，阿什经常会听到老客户对网站（特别是网站操作方式）的批评。他们会说："阿什，你的网站简直是垃圾。"非常有趣的是，这恰恰说明阿什他们的创业点子没问题，因为如果客户不喜欢网站的界面，但是依旧在使用，就充分说明网站真的满足了他们某种此前未得到满足的需求。

因此，启动自己的网店只需几件产品足矣。如果你想卖 T 恤衫，那么先推出少数几种款式。如果你想推出自己的手机应用或者网站，那么先开发几个简单的功能即可。即便手机应用或者网站在短期内还不能超级流畅地运行，也没有关系，因为它们归根结底只是程序，可以很容易地迅速调整和改进。

很多公司现在采用的策略是推销或者尝试销售仍在开发的产品。他们让自己的新产品看似已经可以购买，但是实际上只是测试客户是否愿意掏钱。只有当客户准备购买的时候，他们才会告诉客户，自己的产品目前还未上市，进而提供预购的选项。显然，如果你想采用这种策略，我们希望你不要违反道德标准，避免欺诈消费者，但是这确实是一种很有效的测试产品构想的方法，甚至有可能为产品的生产提供资金。

根据客户或者用户的真实反馈，迭代或者发展你的产品是非常重要的，如有必要，甚至需要进行"关键转向"。

萨拉·布莱克利在这方面的表现非常出色。她在设计自己的Spanx 品牌内衣时，使用的模特是生活中真实的女性，是可以给她实际反馈的真人，而不是按照当时内衣行业的惯例使用人体模型。这种方法极具智慧，也是萨拉最终取得惊人成功的原因。就像现在成功的科技创业公司验证产品设计一样，她可以迅速迭代产品并且继续获得真实反馈。

用户的反馈让萨拉能够改进设计，不断扩大自己的服装系列，包括进行各种创新，比如设计连袖紧身内衣，这样女性可以一年四季都穿着无袖的衣服。

这是开发产品的正确方式。确保不要闭门造车数个月才拿出自己的产品，或者推出产品之前都没有验证产品的设想。

薄层式增长

人们称阿什为"增长黑客"，用来形容他很擅长使创业公司快速增长。创业公司的创始人经常问他："我怎样做才能实现黑客式增长？"

阿什的答案是，在实现黑客式增长之前，必须实现薄层式增长。

什么是薄层式增长呢?

它的意思是,在考虑使用谷歌和脸书的广告服务进行大规模、可拓展的营销活动之前,你需要用创造性的手段依靠人力找到所有早期的客户或用户。

在创业的早期阶段,在你实现产品–市场契合之前,也就是树立产品的口碑,从而帮助公司实现病毒式增长之前,你真的需要"非常努力地推销"。你需要亲自上阵,一个个争取第一批客户。最好的方式是面对面地招揽客户,或者至少直接与客户联系,使用社交媒体和电子邮件进行推广,针对每个客户发送个性化的消息。

注意,不要无休止地给他们发送邮件。

针对每个客户做好功课,以巧妙的方式进行推销。你要明白,自己会吃许多次"闭门羹",因此要锻炼出厚脸皮。这就是真实的市场营销、销售和业务发展。

在这个阶段,心态很重要,要有韧性。只有心怀愿景才能激励自己。有决心、毅力和勇气继续走下去,发掘出客户未被满足的需求。

Y Combinator 联合创始人保罗·格雷厄姆完美地描述了我们在这个阶段需要做的事情,他说:"不要使用可扩展的方式完成工作。"他的意思是,不要试图使用技术手段来让自己的工作变得更容易,而是要以一种更耗时、人对人的方式来进行。举例来说,与其尝试给数百人群发邮件,不如逐个手动发送,根据每个人的情况精心设计和个性化定制每封电子邮件。与人面对面地交流。给客户打电话。不遗余力地争取售出产品,让客户满意,而不是担心这种模式无法扩展。

"不要使用可扩展的方式完成工作。"这条法则的另外一种应用方式是向早期的用户或客户提供高质量的服务。不要太担心随着公司的成长,可能无法保持这种水平的服务,因为理想情况下,那时你的产品已经做出了改进,所以需要如此水平服务的人数会下降。

薄层式增长可以产生增长力,为创业公司带来前进的势头和实际的进步。

如何实现薄层式增长?你要每天衡量自己的进步,并且关注自己取得的进展。聚焦销售,聚焦得到客户反馈后的产品开发,这样客户才会更加喜爱你的产品。

但是,注意不要被"虚荣指标"所迷惑。虚荣指标是指那些可能呈现增长的数字,但是这些数字无法代表你需要衡量的那些重要的实际内容。虚荣指标的一些例子包括社交媒体关注人数,或者你收到的点赞数。对于大部分创业公司来说,在早期阶段,拥有众多社交媒体关注人数并没有太大的意义。相反,你需要关注产品的销量或下载量。

另外一项虚荣指标是简单地计算新用户或新客户的数量,而不计算留存率。手机应用、软件和订阅类产品都会存在这种问题。如果你没有留住客户或用户,即他们不会复购你的产品或者续订,那么这可能不是好迹象。一定要衡量有多少客户或用户坚持使用。

阿什谈"如何实现黑客式增长"

实现黑客式增长是我的专长,也是我经常被问及的问题。然而大多数创始人在创业初期就开始考虑如何实现这种增长，其实为时尚早。先有较高的产品－市场契合度，才能有黑客式增长，即自己的产品已经能够充分满足客户的需求，树立了良好的口碑，客户真心喜爱你的产品。

因为要达到黑客式增长需要时间，所以我们之前谈到了薄层式增长。

"黑客式增长"是肖恩·埃利斯（Sean Ellis）在 2010 年创造的术语，用以区别于数字化营销。它指使用传统与非常规营销和产品研发实验相结合，从而实现增长。"黑客式增长"已经成为创业公司飞速增长的代名词。增长黑客只关注一个目标：增长。通常我们可以用**北极星指标**（North Star Metric）来追踪增长情况，它是定义公司核心价值主张的关键指标。

为什么用"黑客"这个词？这个词有很多意思，有褒义也有贬义。在黑客式增长中，"黑客"的意思是非常聪明地找到捷径，更快地获得更好的结果。通常，优秀的"黑客"拥有跨学科的技能，善于解读各种数据。

维基百科这样定义黑客式增长："在营销渠道和产品开发方面进行快速实验和测试的过程，以确定最有效、最高效的方式来实现创业公司的快速增长。"这基本上就是说，找到一两个有效的营销渠道，并且加倍利用这些渠道，然后为产品或服务开发可以实现有机增长的功能，比如让客户把产品推荐给好友的功能。实现黑客式增长的核心是创造力。

黑客式增长是创意、营销和技术的结晶。你需要具备"测试、失败、重复、再测试、再失败、最终实现扩展"的思维模式。

有很多知名的创业公司利用增长黑客技巧实现了快速增长，比如爱彼迎利用了 Craigslist（美国知名分类广告网站），Hotmail 则在每封邮件的结尾处都加上"附言：我爱你，Hotmail 为你提供免费邮件服务"。在 Just Eat，我们利用谷歌地图提供的商家信息添加功能和我们的餐厅好评作为实现黑客式增长的重要途径。

然而，很多增长黑客技巧具有时效性，不存在屡试不爽的增长黑客技巧。实现黑客式增长的关键是思维模式，你需要不断实验，不断修正自己的策略。

切记，过去行之有效的方法并不能确保现在成功。所以我们说，思维模式比策略更重要。对于增长黑客来说，最重要的永远是能放下过去，重新学习。

真正的增长黑客具备成长型思维模式，他们不会执着于某个营销渠道或分销渠道，也不迷恋于过去的工作方式。他们永远以实时的视角审视世界，评估各种选择，经常进行测试，以最为有效的方式采取行动。

归根结底，最重要的是有良好的基础，即要有优秀的产品或服务，能让客户满意。

一旦有了良好的基础，就能实现较高的产品－市场契合度。在这之后，才需要考虑黑客式增长，并以此实现公司的进一步增长，为点燃的烈火添加更多的燃料（通常是金钱）。

第 17 章 融资

如果你已经决定自己的创业公司需要外部资金，那么本章将在融资方面给你启发。在本章中，我们将根据亲身经历和我们与其他投资人的交流，帮助你在这一领域快速入门。

融资涉及很多错综复杂的问题，但是作为创始人，你的工作是专注于创建可投资性强的公司，而不是过多地关注融资中的很多细枝末节的问题。

与其在创业伊始就关注"可转换票据"这样的具体内容，或者条款表的来龙去脉，不如只关注公司的基本面。

在明白这个道理之后，我们会在本章中给出许多清单，希望为你提供尽可能多的有价值的信息，让你在融资方面先人一步。

切记，创业的目的不是融资，而是服务客户或用户，并且赚取利润，最好能对世界产生某种积极影响。这是我们应该始终牢记的创业初心。

同样，我们还要记住，并非每位创始人或者每家创业公司都需要筹集大量资金。你可能已经听过很多类似的故事，创始人敲开数百家风险投资机构的大门，最终才得到一两家的投资。其实，成千上万的故事结局都是一次又一次地遭遇拒绝。

其实大多数人对于筹集资金的艰辛、劳神、耗时并没有充分的认识。请做好心理准备！

在向投资人或风险投资公司寻求资金时，重要的是首先要有增长力。这意味着公司正在快速增长，就这么简单。你需要证明，你的公司每个月都在快速增长，其增长曲线最好呈"曲棍球杆"状。

创业公司的增长力越弱，融资的难度就越大，因为在这种情况下，你实际上是让投资人为一个空想注资。

在这方面，有些人其实具有巨大的不公平优势。这种不公平优势属于专长，此前我们虽然没有直接讨论过，但是隐约提及过——为创业点子筹集资金通常是已经有成功创业先例的创始人的专业领域。连续创始人在这方面有巨大优势，因为他们已经证明了自己，所以投资人相信他们可以复制此前的成功。如果此前没有成功的记录，想要让投资人为你的点子投资，你就必须具备诸多不公平优势，或者你只能选择首先积攒足够强的增长力。

随着公司不断成长，为超高速增长型创业公司提供资金往往要遵循以下顺序。

1. **个人积蓄**——通常，超高速增长型创业公司在初始阶段需要依靠创始人的个人积蓄来维持运转。有些创始人会使用信用卡，但是我们不建议采用这种方式，因为风险太大。

2. **自筹资金**——这通常是第二个阶段。进入这个阶段表明你已经开始销售产品，可以使用从客户那里获得的收入来资助创业公司。

3. **以 F 开头的三类出资对象**——家人（Family）、朋友（Friend）和傻瓜（Fool），他们都是最信任你的人。（"傻瓜"其实是玩笑之语，因为我们必须承认创业失败是家常便饭，相信你的人确实像傻瓜。但是，你千万不要认为他们真的是傻瓜，但愿你自己也对自己的创业点子深信不疑。）并不是所有人都有富裕的亲朋好友，能够承担投资创业公司的风险，所以有这样的条件就是具有地位这项不公平优势。作为交换，为你出资的亲朋好友会获得股权。顺便说一下，在英国和其他许多国家，为了鼓励投资创业公司，政府颁布了相关的免税政策。可以查询并且了解一下 SEIS（种子企业投资计划）和 EIS（企业投资计划）。

4. **补助和竞赛**——政府补助、社会影响力基金、众筹、创业竞赛、黑客马拉松等，这些都是你可以筹集资金的方式。在后文关于可画的案例研究中，我们可以看到，政府补助为创始人提供了有力的帮助。这些获得资金的方式一般不用付出股权（众筹这种方式除外，有些众筹平台需要公司付出股权）。

5. **天使投资人**——这些投资人基本上是投资创业公司的富人，他们通常将这种投资行为作为副业。天使投资人往往是成功的创业公司创始人，比如阿什。他们通常是公司的第一个外部投资人，也就是说，他们不是创始人的亲友。他们比风险投资人更易于接近，向他们推销公司的机会更多。要想获得投资，你必须让他们喜欢你的愿景、你本人、你的目标市场，甚至你所造成的社会影响。

6. **风险投资**——风险投资来自专业的投资机构。对待创业项目，他们比亲朋好友更严格，但是投资的全额也更大，而且他们投资的公司通常处于创业后期。他们看重的是你的团队、增长力、增长速度和潜在市场规模。

7. **私募股权投资**——和风险投资类似，但是目标一般为更加成熟的公司。

8. **首次公开募股或者收购**——在证券市场上市或者被更大的公司收购。

对于公司处于早期阶段的创始人来说，应该仔细考虑前述选择。哪一个适合你？也许你希望如果得到所需的资金，就在第一、第二或第三个阶段之后停下来。

如果你选择继续，比如寻求天使投资人和风险投资公司，下面是我们从创业融资的故乡硅谷搜集而来的最佳建议。天使投资人和风险投资公司之间的关键区别是，天使投资人期望的增长力较小，因此他们的投资更多的是基于他们对联合创始人的信心。

如果打算筹集资金，特别是寻求风险投资，那么你首先必须确定自己真的想筹集资金，把公司做大。在这个阶段，你的目的非常重要。如前所述，如果你希望自己的业务重心始终在当地，或者只是想做一个工匠，又或者不希望自己的团队规模过大，那么坚持运营生活方式型创业公司依旧是有利可图的。在考虑向风险投资公司寻求资金之前，一定要思量再三。如果风险投资公司选择为你投资，那么你就要为外部股东负责，而承担这种责任并不轻松。

融资的第一件事是研究你的目标投资人是谁。不要不经任何研究，就以所有投资人为目标。不同的投资人会选择投资不同类型的创业公司。首先要确定你的公司属于目标天使投资人或者风险投资公司通常会投资的类型。

为避免浪费双方的时间，务必大致了解你的目标投资人。以下是一份清单，可以帮助你快速掌握对方的情况。

1. **行业和业务**——他们通常会投资于像你的公司这样的创业公司吗？

2. **资金规模**——他们通常投资的规模是多大？

3. **申请过程**——申请他们的投资时需要遵循哪些步骤？

4. **决策过程**——他们投资时遵循怎样的标准？

5. **地点**——他们通常在哪些国家和地区投资？

6. **增值型投资人**——理想的投资人不仅能为你增加资金，还能为你提供其他优势，例如人脉、行业经验或者建议等，帮助公司成长。

一旦你确定了需要找怎样的投资人，就设法找人为你推荐，请他人热情地将你介绍给投资人。这需要用到我们在第 15 章讨论过的人际沟通技巧。

接下来就是准备融资演讲。

如何进行融资演讲才能成功募资

在讨论融资演讲内容之前，让我们先来谈谈沟通的问题。投资人不会花费大量时间去弄清楚你想表达什么意思。如果你想沟通的内容不清晰，那么你的融资过程会极其艰苦。两位作者已经听过数百场融资演讲，这个问题普遍存在。你与投资人沟通的时候，从第一条消息，到发送的每一封电子邮件，再到融资演讲，都必须简明扼要、直奔主题。避免使用专业术语。语言简洁明了。不要使用营销套话，仿佛是给消费者做广告——这些招数对于投资人毫无作用，只会惹恼他们。简洁是关键。

为了使沟通清晰明了，你必须做到具体。这一点非常重要。不要讲"我们正在彻底改变社交媒体"，要准确地讲出你的创业公司将做什么，比如"我们正在让用户告别新闻推送"。

现在来看看你的融资演讲内容。你需要回答下面 10 个问题。

1. 你的创业公司是做什么的? *越简单越好。*

2. **你在解决什么问题?** 在回答这个问题时,你需要介绍自己的关键洞察力。

3. **市场有多大?** 我们此前提到过潜在市场规模,你需要对此进行相关研究。如果你推出的是全新的产品,那么需要预估市场有多大(客户数量乘以你对每个客户的收费金额)。

4. **你的增长力来自何处?** 你要表明自己已经拥有多少用户或客户。投资人希望看到的是非常快的增长速度。如果你不具备这样的条件,那么最好提供一些证据,表明你的产品是客户所需要的,即便客户的数量并不是太多。如果你还没有强大的增长力,那么至少有打造爆款产品的"进入市场"策略,即清晰周密的营销计划。

5. **你将如何盈利?** 答案必须明确。

6. **团队成员是什么情况?** 这主要是介绍联合创始人本身的情况。突出你的个人地位和可信度等因素。到目前为止,你们在生活中取得了什么成就?

7. **谁是你的竞争对手?** 对竞争对手的情况进行研究。如果你说你没有竞争对手,那么投资人必然表示怀疑。

8. **你的不公平优势是什么?** 使用 MILES 框架,评估你有哪些不公平优势,然后决定哪一个相关性最强。从创业公司的角度出发,说明你的不公平优势将如何帮助自己的公司获得成功。比如你可以说,"凭借我们的洞察力,我们是所有竞争者中唯一能满足客户未被满足的需求的",或者说,"凭借我们在这个行业中的强大人脉，我们具备得天独厚的优势，能够接触到客户并向他们销售我们的产品"。

9. **你想筹集多少钱？** 你必须清楚这一点。如果你有些举棋不定，那么可以考虑目标资金比自己实际需要的多一些，这样你就不必再做一轮融资。

10. **你将把这些钱花在什么地方？** 投资人希望听到的是，你会把钱花在正确的地方，比如销售、市场营销和产品开发。

这 10 个问题几乎涵盖了你的融资演讲需要涉及的一切内容。你甚至可以把每个问题作为一张幻灯片，然后制作 9 张或 10 张融资演讲幻灯片（可以将最后两个问题放在同一张幻灯片上）。

关于融资演讲的最佳建议

了解讲故事的力量，然后使用讲故事的技巧来保证融资演讲的有趣性和连贯性。

- 如果公司还不具备增长力，那么向投资人推介你的愿景和团队，提供一些其他验证结果或证明，说明客户真正需要你的产品。
- 告诉投资人公司的增长预期。精明的投资人知道预测并不准确，但他们更想透过增长预期看到你的想法。

- 如果融资演讲的对象是风险投资人，那么你不需要花太多时间来谈论市场规模。风险投资人会做好功课，他们已经有了大量相关的数据。你需要做的是进行充分的研究，确保市场规模达到数十亿美元，这样风险投资人才会感兴趣。

- 展示强大的创始团队，让投资人明白为什么你们会在目标市场的竞争中获胜。一定要突出你个人的不公平优势。

- 尽量寻找真正相信你的投资人，而不是那些只是由于FOMO（fear of missing out，害怕错过）而投资的投资人。

- 针对公司关键的里程碑事件，制作简报，讲述投资人故事和客户解决方案故事。一定要分别制作简报，即不要给投资人发送你的客户／产品演示简报，针对不同对象发送不同内容。

- 因为风险投资人的胃口很大，所以你要向他们展示你的收益如何达到 100 万美元、500 万美元，甚至 1 亿美元。

- 不要忘记，最终投资人主要关心的还是钱和你带给他们的其他回报。这就是最为关键的底线。

- 想要快速了解某人对你的创业公司是否感兴趣，只需问对方一个简单的问题，比如"我可以把我的融资幻灯片发给您，请您对第 7 张幻灯片给出一些反馈吗"，然后通过电子邮件发给他们简短的融资幻灯片。

- 我们经常看到有些创始人的融资幻灯片只有一页——其实这不失为一种很好的办法，可以作为执行摘要，简洁有力地介绍自己的公司。

- 如果你希望他人推荐和介绍你，请给他们发送一封预先写好推荐语的电子邮件。他们可以编辑后发送，这样就能方便别人推荐你。
- 针对风险投资公司，尽量找人为你做介绍——进入他们的视野，关注他们最近进行的投资，阅读他们的 Twitter 更新内容。

融资演讲的禁忌

在与投资人交谈时，请避免以下这些可能惹恼他们的话语或做法。

- "我们正在构建一个手机应用、网站或最小可行性产品。"尽量向投资人展现已经建成的产品。
- "我们没有竞争对手。"这表明你还没有进行足够的研究。
- "再过 6 个月，公司将价值 1000 万英镑。"不要对公司价值做出不理智的估计。
- 频繁使用术语。
- "希望你们能快些投资，我们马上就会结束本轮募资。"制造根本不存在的稀缺性，只会惹恼对方。
- 融资演讲的幻灯片冗长复杂，多达 30 页——太多了。
- "我们还没测试我们的创业点子。"抓紧去测试吧！

- "联合创业团队需要高薪。"投资人希望他们的资金用于营销和产品开发。
- "我们只需要钱，不需要你们提供其他帮助。"投资人希望自己发挥的作用不仅是提供现金。

现在，你已经成立了自己的创业公司，考虑清楚了目标和动机，也理解了两种创业公司的不同，有了自己的创业点子，找到了联合创始人，测试了自己的想法，创建了自己的最小可行性产品，实现了薄层式增长，也获得了支撑公司的资金。

不公平优势不是一成不变的，也不会永远存在，而会不断发展、变化。你应该经常思考，对于你和你的创业公司来说，自己有哪些不公平优势。

本书的最后一个案例是独角兽创业公司可画（Canva）的联合创始人梅拉妮·珀金斯的故事。她的故事完美地说明了我们在书中所讨论的不公平竞争环境和不公平优势。我们相信你在读后会有所感悟。

可画联合创始人梅拉妮·珀金斯——叠加你的不公平优势

最后这个案例不容错过。我们之所以把它留到最后，是因为它包含很多值得我们学习的内容，可以帮助我们更深入地了解不公平优势。

2007 年，19 岁的梅拉妮·珀金斯在澳大利亚珀斯上大学，并在学校里兼职教授设计课程。她注意到学生们在学习设计基础知识的时候非常吃力——仅仅是教授他们如何使用各种软件就要花费整整一个学期的时间。微软的 Publisher 和 Adobe 的产品过于复杂，而且都是在台式机上使用的传统软件。这是她利用洞察力获得的见解。

梅拉妮有着远大的志向，她希望未来能跟这些巨头软件公司竞争，但是彼时她只有 19 岁。于是，她决定从解决更简单的问题着手，而且她要解决的问题与自己的家庭息息相关。

梅拉妮发现她的母亲（一名高中教师）每年都要带领班上的学生合作完成年鉴的制作。这项工作让母亲承受了巨大的压力，也让她头疼不已，因为像她这样的老师没有任何设计经验。梅拉妮知道，只要有在线协作软件，一切问题就能迎刃而解。

因此，她和男朋友克里夫·奥布雷希特（Cliff Obrecht）想从他们的家人和朋友那里借钱创业。他们非常幸运，最终筹集到了 5 万美元。有了这笔钱，他们面试了珀斯所有的技术团队，寻找能够帮助他们创建在线协作软件的团队。大多数技术团队认为这两位年轻人的想法太疯狂了，但是最后梅拉妮和克里夫还是找到了愿意接手项目的团队。由于年纪太小，他们在地位方面有所欠缺，但是他们坚持且愿意从错误中学习，不断地自我提升，逐渐在创业方面具备了专长。

两人迅速学习相关知识，并且将梅拉妮母亲家的客厅改造成了年鉴设计创业公司 Fusion Books 的办公室，还配备了大型印刷设备。他们依靠自己的资金运营公司，并且实现了逐年增长。随着梅拉妮开始雇用员工，她也接管了整所房子。她解释道："因为需要全天候进行印刷工作，所以我们占用了我母亲的车库、车道和走廊。我的母亲真的非常慷慨。"她的家庭成员为她提供了大量帮助：母亲会逐字逐句地检查年鉴，男朋友的母亲负责做账，男朋友的父亲则负责开车去邮箱取信。

显然，梅拉妮和克里夫从家庭成员那里得到了大量帮助和支持。我们在第 11 章中提到过，社会学家将此称为社会资本。

由于澳大利亚政府提供了研发税收优惠政策，因此梅拉妮和她男朋友还额外获得了 20 000 澳元的商业银行贷款。梅拉妮说，如果没有这些，他们在创业早期就会耗尽资金，根本无法支撑下去。

这个故事的下一个篇章才是最为有趣的部分。梅拉妮和克里夫在一个年度发明家评选活动中夺得了亚军。

在颁奖典礼上，他们偶遇了来自硅谷的投资人比尔·泰（Bill Tai）。

两人与比尔聊了一会儿，这段 5 分钟的聊天为他们打开了一扇通往新世界的大门。梅拉妮描述了她的宏伟愿景：希望能够让自己的创业公司成为超高速增长型创业公司，让自己的在线协作设计软件创业公司最终能与微软和 Adobe 这样的巨头抗衡，这正是现在的可画。比尔表示，如果他们愿意来硅谷，就可以与他们详谈。"我简直不敢相信我的运气这么好！"梅拉妮说道。

她回家研究了这个与"硅谷""风险投资人"和"创业公司"等关键词有关的未知世界。运气再次发挥了作用，她的哥哥正好在旧金山（距离硅谷很近）学习，也同意让她在他那里住上两周。

梅拉妮收拾好行李，怀着宏伟的创业构想前往硅谷。这次会面令她紧张不已。精心打扮的梅拉妮做好了与比尔·泰会面的准备，但是比尔的衣着非常休闲，他告诉梅拉妮不必如此费心（梅拉妮后来表示自己为此感到非常尴尬）。会面期间，梅拉妮描述了自己远大的创业构想，表明自己的抱负远不止于做好年鉴，而此时比尔居然在用手机发消息。梅拉妮非常失望，她觉得比尔对自己的构想没有丝毫兴趣。

　　事实上，比尔一直在向自己的熟人发消息，把梅拉妮介绍给他们，希望梅拉妮能有机会和他们面谈。

　　会面结束的时候，比尔表示自己愿意投资，但前提是他们需要有一个出色的技术联合创始人加入。真的太棒了！但是问题在于，梅拉妮并不认识这样的技术人员。

　　因此，这趟旧金山之旅从为期两周变成了足足 3 个月，这已经是梅拉妮所持签证的上限时间。梅拉妮倾尽全力去寻找技术联合创始人。她参加了当地所有相关的技术会议，在领英上寻找合适的人选，给完全陌生的目标人选打电话。她在一个购物中心设立了自己的"办公室"，努力达到比尔设下的目标。她尽可能参加了所有她能够参加的会议。

　　正如我们看到的，梅拉妮充满动力、认真勤恳。实际上，为了准时提交文件，她每天都会很晚才睡，甚至通宵熬夜。即便截止日期大多比较灵活，她也会认真对待。

　　梅拉妮的性格较为内向，但是她大胆地与人沟通，跨出自己的舒适区，所有这些努力都是为了实现自己的愿景。她得知比尔·泰喜欢风筝冲浪，而且在筹划一个创业圈的风筝冲浪聚会，届时会有很多知名的投资人参与。于是，她自己也去学习了这项运动。虽然她讨厌风筝冲浪，但是为了增加受邀的机会，她依旧坚持学习。

我们能够看到梅拉妮的勇气、决心与勤奋。

梅拉妮到处与软件工程师会面，询问他们是否有意向作为技术联合创始人加入她的公司。但是，她不断地被拒绝。此外，她还不断地被投资人拒绝（仅靠比尔·泰的投资是不够的）。即便经过一年的努力，她和克里夫终于找到了一位技术联合创始人，投资人依旧会拒绝他们。

梅拉妮认为这是因为投资人都在寻找具备"成功模式"的创始人，就像我们在第 11 章中谈到的那样。她在自己的博客中写道：

"众所周知，投资人看重的是创始人是否与成功企业家具有相同的'模式'——马克·扎克伯格成功了，所以大家都在寻找他的复制品。如果投资人准备了考察投资对象的条件表，那么我们的特质可能不符合其中任何一个选项。"

她回忆起自己曾经读过的一篇文章，其中讲述了这种"模式"指的是从斯坦福大学、哈佛大学或麻省理工学院毕业，曾经在谷歌、苹果或脸书工作，公司的增速极其迅猛。无论是哪一方面不符合这种"模式"中的特征，都会得到负分。她写道："我们的得分很高，可惜是负分。我们没有那些名校或名企的高贵'血统'，公司的增速也一般。"

即便是他们的位置也非常不利。几乎所有的投资人都建议他们搬到硅谷，但是他们想留在澳大利亚。

梅拉妮可能在教育和位置方面不具备优势，但是她确实具备敏锐的洞察力，拥有清晰而宏伟的愿景，还有实现目标的勇气和决心。

即便后来的可画在全球范围内迅速发展，梅拉妮依旧会为融资发愁。她和克里夫修改自己的融资演讲远超百次，一点点地不断改进。

最终，他们成功地获得了总额达到 300 万美元的投资，其中一半来自美国加利福尼亚州的投资人，另外一半来自澳大利亚政府补贴的匹配资金（他们非常努力才申请而来）。他们把公司搬到了悉尼，在 2013 年创立了可画。这家公司迅速成长，已经成了一家独角兽公司（价值超过10 亿美元）。

可画是女性创业、推出令人惊叹的科技产品，并且最终取得成功的范例。

这就是我们所说的，成功既要依靠努力工作，又要依靠运气。梅拉妮的不公平优势在于，她出生于中产家庭，成长环境舒适，家人给予了她足够的支持，她本人也拥有极高的智慧和很好的运气，通过实践弥补了教育和专长方面的不足，年纪轻轻就创立了自己的生活方式型创业公司（专门制作年鉴的 Fusion Books）。从那时起，她着手实现自己超高速增长型创业公司的构想——公司最终成了现在的可画。如果我们从她所有的不公平优势中分离出来一个最为关键的，那就是她的洞察力。通过在大学时期兼职教授设计课程，她很早就发现了已有设计软件的问题。

　　我们在梅拉妮的故事中可以看到，要想取得成功，必须有适宜的人格和愿景。

结语

我们一起经历了一段难忘的旅程。

恭喜你最终读完本书。

我们在本书的开头提醒过，生活并不公平，运气和随机事件会导致机会分配不均。明白这个道理可以帮助我们理解为什么生活中会有那么多极其成功的异类。我们经常在媒体报道中看到他们，社会也将他们视为榜样。然而，我们讨论了运气和努力同等重要，以及相关的思维模式可以作为我们认识创业的工具。只有具备正确的思维模式才能从那些耀眼的成功故事和白手起家的亿万富翁身上学到很多我们需要的东西，同时不会总是将自己与他们比较，因为我们的性格、具备的优势和所处的环境各有不同且独一无二。

我们讨论了应该如何看待运气，希望大家能对自己已经拥有的一切心存感激，接受且满足于目前生活中的一切，而不是以一种无能为力的受害者心态看待生活。这种思维模式让我们在对待那些运气不佳的人时，可以更好地共情，更多地给予，更加友善，更加慷慨。

我们还讨论了如何看待勤奋——相信我们有能力通过设定目标并付出努力和时间来改变我们的生活轨迹，使之变得更好。这种思维模式能帮助我们构想更好的未来，然后脚踏实地地实现梦想。这意味着我们要有远见，要渴望在世上留下自己的足迹，要渴望过上梦想中的生活。

我们研究了如何通过了解自己的不公平优势及其作用来调和相互对立的思维模式，从而利用自身的优势和所处的环境创造自己想要的未来，无论你是否决定创业——其实不公平优势适用于生活中的方方面面。

你已经明白了如何用 MILES 框架来评估自己的不公平优势，通过它来重新审视你所读到的许多成功故事。你已经了解了作为"地基"的正确思维模式。你已经了解到固定型思维模式笃信运气的作用，而成长型思维模式则相信努力工作可以改变一切。你已经了解到现实情况其实需要我们将二者中和，形成现实－成长型思维模式。这种思维模式可以帮助我们保持理智，防止因为没有成为下一个埃文·斯皮格尔或梅拉妮·珀金斯而苛责自己。此外，这种思维模式也能帮助我们保持心理健康，推动我们提升能力，勤奋工作，突破自己的舒适区。

你已经了解了 MILES 框架的五大"支柱"——**金钱**、**智力和洞察力**、**位置和运气**、**教育和专长**，以及**地位**（包括你的**人脉**）。在增加和减少成功的机会方面，它们发挥着巨大的作用。由于它们都是双刃剑，因此你需要拥有正确的思维模式，通过选择适合自己的创业公司类型和创业点子，化弱势为优势。

你还知道了为什么"动机"如此重要，无论是你的"低级自我"（想过上某种生活、提升地位、获得认可等），还是"高级自我"（对于社会甚至这个星球产生积极影响），都会影响你的动机。有了动机，你就可以根据自己的不公平优势，决定创办什么类型的创业公司。

最后，我们给出了快速创业入门指南，解释了获取资金并非创业的首要目标，而应该专注于创办一家可以创造价值、可持续（或者说盈利，至少最终会盈利）的公司。

这是不公平优势真正的力量——当你确认自己具备某些不公平优势并且以此为基础展开行动的时候，你的创业公司会顺势破土而出；你的计划会直击客户的痛点，因为你能够很快得到做出调整所需的反馈；你的创业公司将如同旋转的车轮一般获得它所需的增长力。

平凡的生活会因此而不同。

人们经常会问我们关于不公平优势的问题。我们的答案如下。

阿什

我没有受过高等教育。曾经，我觉得这样的自己没有资格去争取成功，所以我通过阅读和自学来建立自己的专长。我缺乏金钱，所以我义无反顾，全身心投入自己的事业。自学和实践让我更具创造力。在智力方面，我缺乏"书本智力"，但是我的社会智力较高，也拥有良好的情感智力和创造力。最初，我所处的位置不算有利，好在后来我搬到了伦敦；我也没什么地位，但是我用自己的专长、内在地位和我自己给自己讲的故事，建立了地位。

哈桑

我没太多金钱，但是用来建立我的专长是足够的。我学习了在线商业课程，然后开启了自己的创业之旅。我的智力主要体现在书本智力上。我很幸运，在小的时候从巴格达移居到了伦敦，这让我有了位置优势。而且我碰巧在正确的时间、正确的地点遇到了阿什。此前我的地位并不高，但是我积极主动地建立了自己的人脉，也找到了创业旅程中可以给予我指导的伟大导师。

那么你呢？你具备哪方面的不公平优势？

现在是时候迈出第一步了，是时候采取行动了。

大多数人从未迈出第一步。成为少数真正行动的人。找到需要解决的问题，与潜在的客户和用户沟通，根据他们的需求构建解决方案。一定要收费，否则这只是爱好，而非生意。

轮到你大放异彩了。

最后，不要忘记感恩。每当你心情低落，感到自己受到了不公正的待遇，心中满是委屈，觉得自己存在不足，认为自己配不上现在的成绩时，都请深呼吸，想想生活中所有值得你感恩的事情。你会惊讶地发现生活中原来有这么多美好的事物。

你已经具备了成功的条件。

让我们知道你的进展情况。如果你有任何问题，请给我们留言。我们会阅读收到的每一条消息，并尽力回复每一条消息。

可以在社交媒体上关注我们，也可以通过电子邮件联系我们。

阿什：ash@theunfairadvantage.co.uk

哈桑：hasan@theunfairadvantage.co.uk

致谢

我们要感谢的人太多了，请原谅无法将他们的名字一一列出。没有他们，就不会有你手中的这本书。我们最想感谢的是我们的家人，他们是我们成功的源泉，感谢他们的爱与认可。我们还要感谢那些为本书出版提供了直接帮助的人，首先是托德·布里森（Todd Brison）和伊姆兰·迪安（Imran Dean），还有我们出色的编辑路易莎·邓尼根（Louisa Dunnigan）和 Profile Books 的团队。感谢我们的著作代理人齐兹·汤姆森（Kizzy Thomson），以及我们的朋友拜伦·科尔（Byron Cole）和比安卡·米勒－科尔（Bianca Miller-Cole）。同时也要感谢我们的其他所有挚友，以及以下列出的所有人。但是，这份名单仍然未能涵盖在我们创业和图书出版道路上给予我们帮助的所有人。非常幸运能认识大家。

Hasham Abbas

Ali Abdaal

Khadija Abdelhamid

Hussain Ajina

Ahmed Alaskary

Auws Al-Gaboury

Irfan Ali

Majid Alimadadian

Jawad Alkatib

Saif Al-Saraf

Ahmad Fahad Al-Shagra

Zhagum Arshad

Jack Cornes

Imran Dean

Ailson De Moraes

Douglas Emslie

Kamel Fawaz

Mustafa Field OBE

Cyrus Hessabi

Tom Hunt

Farhan Hussain

Arif Hussein

Hamzah Assaduddin

Amr A Baabood

Erlend Bakke

Ash Balakrishnan

M. Mahdiu Barrie

Halim Boumadani

Sam Broadey

Louise Broni-Mensah

Jesper Buch

David Buttress

Johanna Campion

Thierry Clarke

Daud Niazi

Klaus Nyengaard

Junior Ogunyemi

Simon Alexander Ong

Phil Pearce

Kevin Philipp

Fahim Pour

Patrick M. Powers

Daniel Priestley

Danielle Queiroz

Laura Ionita	Irfan Rafiq
Tim Jackson	Razia Rafiq
Siddika Jaffer	Mohammed Raja
Lolo Jones	Rune Risom
Salim Kassam	Naqi Haider Rizvi
Jesse Kedy	Kris Roberts
Asad Khan	Christian Rodwell
Jumma Enath Khan	Viren Samani
Sumra Khan	Yaron Saghiv
Martin Kupp	Ali Sarraf
Tom Laidlaw	Matt Skelcher
Morten Larsen	Rune Sovndahl
Omi Mahmood	Hans Stocker
Ash Mahmud	Paul Sung
Dr Mandar Marathe	Kim Van Haalen
Timothy Marc	Robin Waite
Mark Martin	Leslie Watts
Dion McKenzie	Mike Wroe
Matt Milligan	Hovhannes Yeritsyan
Alberto Mijoler Moreno	Cem Yildiz
Lawrence Neal	Lin Zhang